新版 なぞとき恐竜大行進 7

たかしよいち 文
中山けーしょー 絵

ステゴサウルス

背びれがじまんの剣竜

理論社

もくじ

←この角をパラパラめくると
ページのシルエットが動くよ。

ものがたり

がんばれちびステゴ！

ひなのたんじょう

あかるい月《つき》の光《ひかり》が、あたりをてらしている。
ひるま、森《もり》やみずうみのそばを、はいまわっていた
生《い》き物《もの》たちは、ほとんどがねむりについていた。
だが、みずうみのまわりのすなはまでは、いま、
きょうりゅうのあかんぼうが、たまごのからを
やぶって、ごそごそはい出《だ》していた。
もごもご、もごもごと、すながうごく。そして、

すなの中《なか》のあさいところに生《う》みつけられた、
たまごのからが、ビチッ、ビリビリ……と
われると、中《なか》からひょこひょこ、きょうりゅうの
あかんぼうの首《くび》が、とび出《だ》してきた。
あかんぼうは、月《つき》の光《ひかり》にてらされながら、
ひっしにもがいている。
体《からだ》ぜんたいをうごかして、からをやぶって、
はい出《だ》そうとする。
しばらく、かくとうがつづいたあと、
あかんぼうはようやく、からの中《なか》から外《そと》へころがり出《で》た。

やれやれ、ごくろうさん。そいつのまわりには、先《さき》にたまごからとび出《だ》したなかまが、もう、三〇ぴきばかりもいた。

背中《せなか》に、ひらひらのヒレがついた、ステゴサウルスのあかんぼうたちだ。

ステゴサウルスのあかんぼうたちは、たまごからはい出《だ》すと。ごそごそ、ごそごそ、勝手《かって》きままにすなの上《うえ》をはいまわり、やがて草《くさ》の生《は》えた森《もり》のほうをめざして、歩《ある》きだした。

生《う》まれてすぐでも、ちゃんと、草《くさ》のにおいをかぎわけることができるんだ。

夜《よる》だから、肉《にく》を食《た》べるこわいきょうりゅうたちは、まだ、ぐっすりおやすみだ。いまのうちに、おかあさんのいる森《もり》へ急《いそ》げ！　急《いそ》げ！

たまごから生《う》まれたステゴサウルスのあかんぼうたちは、まるで、きょうそうするように、森《もり》のほうへ進《すす》んでいった。

それにしても、おかあさんはどうして
いるんだろう。子《こ》どもが生《う》まれてきたって
いうのに、のんきなもんだ。

ステゴサウルスのめすは、やわらかな
すなに、たまごを生《う》む。
めすはすなに、ちょうどカメが
やるように、足《あし》であなをほる。そして、
そのあなの上《うえ》にしゃがみこんで、
たまごを生《う》むのだ。

いちどに、一〇個《こ》から一五個《こ》のたまごを生《う》む。
そんなめすが一〇ぴき、いっしょにたまごを
生《う》めば、ぜんぶで、一〇〇個《こ》から一五〇個《こ》の
たまごが、すなの中《なか》に生《う》みつけられるわけだ。
ひるまは、お日《ひ》さまが、すなの上《うえ》をてらす。
すなは、お日《ひ》さまの熱《ねつ》であたためられて、中《なか》の
たまごが、だんだんひなにそだっていくのだ。
二週間《しゅうかん》もすると、たまごの中《なか》から、
ステゴサウルスのひなが、からをやぶって、
とび出《だ》してくるってわけだ。

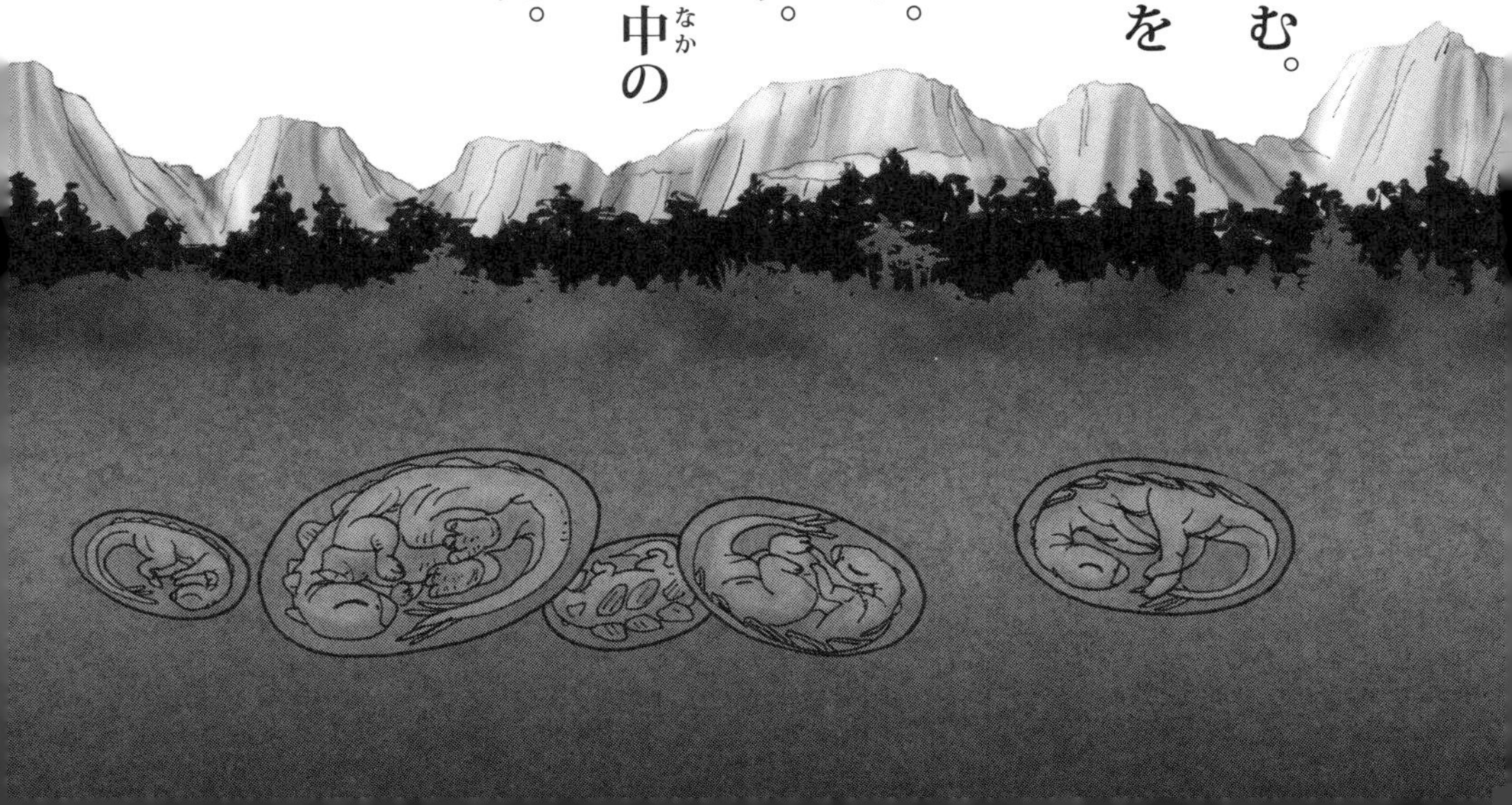

ひなのぎょうれつ

ステゴサウルスのひなたちが、ようやく
森《もり》の入《い》り口《ぐち》にたどりついたとき、東《ひがし》の空《そら》が
ぽーっとあかるくなった。

朝《あさ》だ。朝日《あさひ》が、空《そら》を赤《あか》くそめてかがやくと、
森《もり》は、たちまちさわがしくなる。

いちばん早起《はやお》きのシソチョウ（始祖鳥《しそちょう》）が
目《め》をさまして、ギャッ！　ギャッ！　ギャッ！

と大声《おおごえ》で、なかまたちをよびあうからだ。
木《き》の上《うえ》のシソチョウは、ごそごそと下《した》を
とおっていく、ステゴサウルスの
ちびたちを見《み》つけた。

「ギャッ、ギャッ、ギャッ（あかんぼうさまのおとおりだ！
ちびっこさまの、おたんじょうだよ）」
とでもいうように、シソチョウは、羽《はね》を
ばたばたさせながら、わめきちらした。

さあ、たいへん！

その声《こえ》に、きょうりゅうたちは
目《め》をさました。

おなかをすかした、あばれんぼうの
アロサウルスが、ひょいと頭《あたま》を
もたげて、大《おお》きなあくびをした。

「なんだと……あかんぼうさまの
おとおりだって！　どーれ、
いっちょう、お目《め》どおりを
しなければな……」
　とでもいうように、
アロサウルスのだんなは、
ガバッとはねおきた。

「ギャギャギャギャ！
（たいへんだ、あばれんぼうが
来《く》るぞ。にげろ、にげろ！）」
シソチョウは大声《おおごえ》で、ひなたちに
向《む》かってさけんだ。
だが、ステゴサウルスのひなたちの
足《あし》は、おそい。アロサウルスはもう、
すぐうしろにせまっている。
わざわざひなたちのことを、大声《おおごえ》で
アロサウルスに知《し》らせておいて、こんどは

にげろ、にげろ、だなんて、まったくいいかげんなシソチョウだ。ひなたちは、しげみの中《なか》にとびこみ、われがちににげだした。ガウーッ！　アロサウルスは、いちばんびりっこの一ぴきに追《お》いつき、うしろから大《おお》きな足《あし》でおさえつけた。

「キキエーッ！」

つかまったステゴサウルスのひなは、しっぽをばたつかせてもがいた。だが、アロサウルスのするどい

足《あし》のつめは、ひなを、ぐっとおさえてはなさない。

ひとりぼっちのちびステゴ

一ぴきが、アロサウルスにつかまっているあいだに、
ほかのひなたちは、むちゅうでにげた。
そのうち、みんなばらばらになり、
はぐれてしまった。おかあさんのいる
草《くさ》むらも、どこだかわからない。
まいごになってしまった、

ステゴサウルスのひなの一ぴき「ちびステゴ」は、草《くさ》むらの中《なか》で、きょろきょろあたりを見《み》まわし、小《ちい》さな声《こえ》でなかまをよんだ。

だが、どこからも、なかまのひなの声《こえ》はきこえない。

しかたなく、ちびステゴは、とことこ、ひとりで歩《ある》きだした。早《はや》くおかあさんにあいたい。おかあさんのいるところへ、たどりつかなければならない。

ガサッ！　とつぜん、ゆくての草《くさ》むらがゆれた。

そして、目《め》の前《まえ》に、にゅーっと、長《なが》い首《くび》がのびてきた。ものすごく体《からだ》の大《おお》きなやつだ。

ちびステゴはぎくっとして、立《た》ちすくんだ。

さっきのなかまのように、でっかい足《あし》でがしっと、おさえつけられてしまうのかも……。

こわい！　と思《おも》った。そのしゅんかん、そいつはちびステゴのほうへ、ぐんと顔《かお》をつき出《だ》し、長《なが》いしたをぺろりと出《だ》した。

「キエーッ！」

ちびステゴは、あまりのこわさに、目《め》をとじた。

と、ぬるっとした、そいつのしたが、
ちびステゴの頭《あたま》をぺろりとなめた。
ぺろっ、ぺろっと、そいつは、
なんどもなめた。
だが、ちびステゴを
食《た》べるわけじゃない。

ちびステゴは、あわててあとずさりをして、ひょいと目《め》をあけた。

すぐ目《め》の前《まえ》に、長《なが》い首《くび》をのばした、でっかいそいつが、ふしぎそうな目《め》で、ちびステゴのほうを、きょとんと見《み》つめていた。そして、ひょいと首《くび》を横《よこ》にねじると、そこにあった草《くさ》を、ぱくっ！　と食《た》べた。

ぱくっ！　ぱくっ！　もぐもぐもぐ……。

そいつは、おいしそうに草《くさ》を食《た》べはじめた。

やれやれ、そいつはどうやら、草《くさ》を食《た》べる

きょうりゅうだったのだ。

たまごから生《う》まれたばかりのちびステゴには、どれが肉《にく》を食《た》べるこわいきょうりゅうなのか、どれが草《くさ》を食《た》べるおとなしいきょうりゅうなのかは、わからない。

そいつは、見《み》かけはこわそうで強《つよ》そうだが、じつは草《くさ》を食《た》べるきょうりゅうの、アパトサウルスだ。

ステゴサウルスのあかんぼうを見《み》たとたん、あまりのかわいさに、したでなめてやっただけなのだ。

「グオ、グオ、グオ（おまえのなかまは、向《む》こうの森《もり》にいるぞ。さあ、ぐずぐずしてないで、早《はや》く行《い》きな）」

アパトサウルスは、しきりに首《くび》をふってさけんだ。
ちびステゴはほっとしたように、とことこかけだした。

やれやれ、助《たす》かった。もし、そいつが肉《にく》を食《た》べるおそろしいきょうりゅうだったら、ひとたまりもなく、食《た》べられるところだったんだ。

おそろしい敵《てき》

しばらく行《い》くと、ちびステゴのゆくてに、ぬまが見《み》えた。朝日《あさひ》をうけて、きらきら、きらきら、かがやいている。

ちびステゴは、水《みず》のにおいをかいだとたんに、からからにかわいたのどのおくが、グゥー！となった。

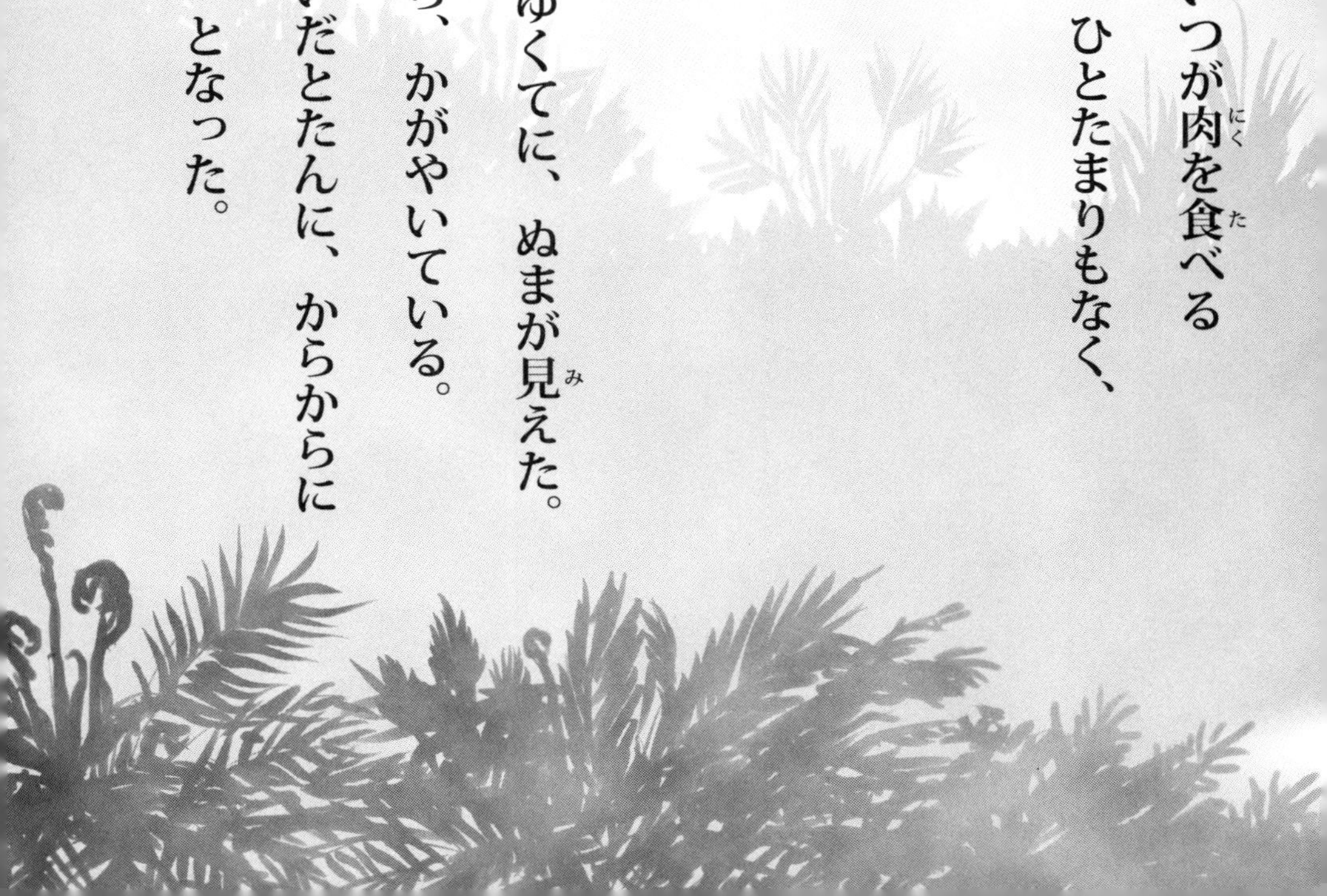

ちびステゴは、急《いそ》いでぬまのほうへおりていった。
ちびステゴは、ぴちゃ、ぴちゃ、おいしそうに、
ぬまの水《みず》を飲《の》んだ。よかった、よかった、
これでひと息《いき》ついた。
それにしても、ちびステゴのおかあさんは、
いったいどこにいるんだろう。
「クウ！　クウ！　クウ！」
ちびステゴはあたりを見《み》まわし、
おかあさんをよんで、なき声《ごえ》をあげた。
すると、うしろの林《はやし》のしげみが、

がさごそゆれて、なにものかが
とび出《だ》してきた。ひょろ長《なが》い
首《くび》に、ひょろ長《なが》い足《あし》の
へんちくりんな
きょうりゅうだ。

ちびステゴのおかあさんなんかじゃない。オルニトレステスという、走《はし》るのがとくいな、足長《あしなが》きょうりゅうだ。

「クアー、クアー（やあぼうや、わたしをよんだかい）」

と、そいつはとても親《した》しそうに、ちびステゴのほうへかけよってきた。そして、ぺろりとしたを出《だ》した。

また頭《あたま》をなめられちゃかなわない、と思《おも》ったのか、ちびステゴは思《おも》わず首《くび》をひっこめた。

そのとき頭《あたま》の上《うえ》を、ヒューッと風《かぜ》がよぎり、黒《くろ》いものがとんだ。

パタパタ、パタパタ……！

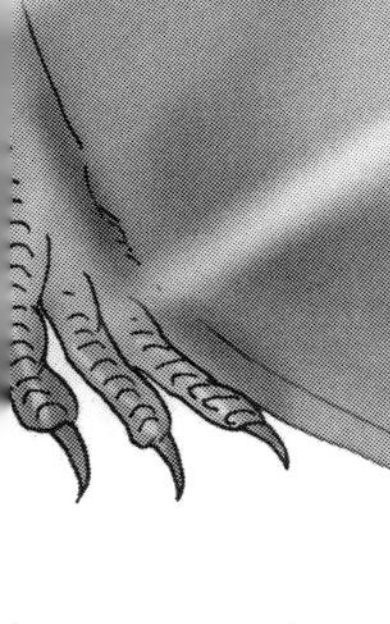

羽音《はおと》をたててとんできたのは、よくりゅう（翼竜《よくりゅう》）のディモルフォドンだ。

「ギャア！　ギャア！　ギャア（ぼうや、早《はや》くおにげ。そいつは、ぼうやを食《た》べようとしてるんだよ）」

ディモルフォドンは、そういうと、いまにもちびステゴにとびかかろうとしていた、足長《あしなが》きょうりゅうのオルニトレステスに向《む》かって、おそいかかった。

「クアーッ！　クアーッ！（このやろう、おまえこそちびをねらっているくせに）」

足《あし》長《なが》きょうりゅうも、まけてはいない。
オルニトレステスとディモルフォドンは、
たがいにちびステゴをめぐって、けんかを
はじめた。
どちらも、このちびのステゴサウルスを
ねらっているのだ。

しんせつなブラキオサウルス

たいへん、たいへん！

ちびステゴは、あわててにげだした。
あんまりあわてたので、ぬまの中《なか》に
ボシャーンと、とびこんでしまった。
ちびステゴは、泳《およ》ぎができない。
やたらに足《あし》をばたばたさせ、水《みず》の中《なか》でもがいた。
水《みず》が鼻《はな》から口《くち》からはいりこんで、息《いき》ができないほど
苦《くる》しい。ちびステゴは、ひっしにもがいた。すると、
ひょいと足《あし》が、なにかにさわった。
そして、そのままぐーんと、体《からだ》が上《うえ》にもちあがった。
ちびステゴはなにかにのっかって、水《みず》の上《うえ》に体《からだ》が出《で》たのだ。

グァーッ！
その声《こえ》にびっくりして、ちびステゴは下《した》を見《み》た。
やれやれ、ちびステゴは、だれかさんの頭《あたま》に
のっかっている。

そいつは、水《みず》の中《なか》でももぐることのできる、ブラキオサウルスだった。

水《みず》にもぐっていたブラキオサウルスは、へんなやつが頭《あたま》にのっかったので、びっくりして水《みず》の中《なか》から頭《あたま》を出《だ》したのだ。

クルクル、クルクル……。ブラキオサウルスは、頭《あたま》の上《うえ》のちびステゴをふりはなそうと、しきりに首《くび》をふった。

ここでおっこちたらおしまいだ。ちびステゴは四本《ほん》足《あし》で、ブラキオサウルスの頭《あたま》に、しっかりとつかまった。死《し》んでもはなすものか……。

やれやれ、こまったもんだ。

ブラキオサウルスは、頭《あたま》の上《うえ》にちびステゴをのせたまま、ぬまの中《なか》を泳《およ》いで、向《む》こう岸《ぎし》についた。

向《む》こう岸《ぎし》には、なかまのブラキオサウルスたちがいた。

なかまは、頭《あたま》にちびステゴをのせたブラキオサウルスを見《み》て、グァーグァーと、はやしたてた。

でもブラキオサウルスは、草《くさ》を食《た》べるおとなしいきょうりゅうだから、だいじょうぶ。

ちびステゴを、食《た》べるようなことはしない。

「グァアーッ！（たいがいにしろ！）」

ちびステゴを頭《あたま》にのせたブラキオサウルスは、頭《あたま》を
ぐんとさげて、大声《おおごえ》でどなった。
ちびステゴはやっと、しがみついていた四つ足《あし》を
はなした。ちびステゴは地《じ》べたにころがりおちた。
「グァー、グァー、グァー（なーんだこいつ、
ステゴサウルスのあかんぼうだぜ）」
「母親《ははおや》は、いったいどうしてるんだ」
「どうせ、どっかで、ひるねでも
してるんだろう。まったく、
いい気《き》なもんだ」

ブラキオサウルスたちは、
ちびステゴをかこんで、
おたがいにがやがやがや、
おしゃべりをはじめた。

そのうち一ぴきが、やわらかい草《くさ》を
もぐもぐかむと、ちびステゴの口《くち》へ
もっていってやった。
おなかをすかせていたちびステゴは、
ぱくっと食《た》べた。
うまい！　うまい！　ね、もっと
ちょうだいよ、というように、ちびステゴは
グウ！　とないた。
やさしいブラキオサウルスは、つぎつぎに
草《くさ》を食《た》べさせた。

たたかうおかあさん

「グアーッ！（あばれんぼうだぞーっ！）」
なかまのその声《こえ》に、ブラキオサウルスたちは、
あわててぬまの中《なか》にとびこんだ。ちびステゴは、
おいてけぼりにされた。
ドス、ドス、ドス、ドス……。
向《む》こうから、あばれんぼうのアロサウルスがかけてきた。
つかまったら、こんどこそもう、いのちはない!!

にげろ！　にげろ！

ちびステゴは、むちゅうでかけだした。

アロサウルスは、ちょろちょろとにげていくちびステゴを、すばやく見《み》つけた。

「ガウーッ！」

おなかをすかせたアロサウルスは、すぐに追《お》いついて、にげていくちびステゴのうしろから、長《なが》いしたでひとなめにしようとした。

と、そのときだ。横《よこ》っちょのしげみから、とつぜん、なにものかがとび出《だ》してきた。

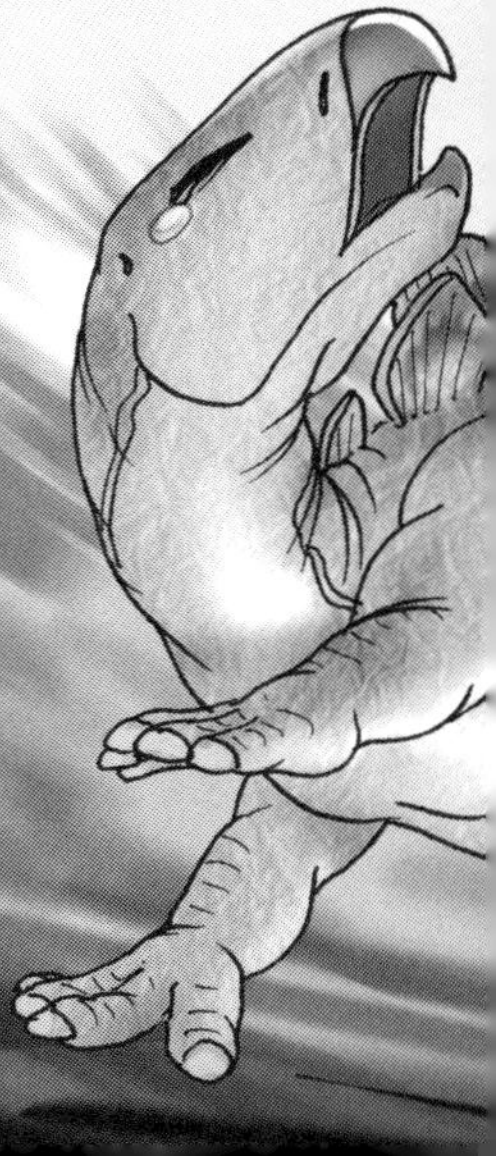

おおっ！　ステゴサウルスだ。　ちびステゴの
おかあさんだった。
「ガァーッ！」
おかあさんは、アロサウルスの目《め》の前《まえ》にとび出《だ》し、
ビューン！　と、しっぽをふりまわした。
しっぽは、アロサウルスの顔《かお》にまともに
めいちゅうした。しっぽの先《さき》についている
とげが、アロサウルスの目《め》をつきさした。
「ギャウーッ！」
ひめいをあげてとびのくアロサウルス。

アロサウルスの目《め》から、赤《あか》い血《ち》がとびちった。
「さあ、もういっちょう、おみまいしようかね！」
ステゴサウルスのおかあさんは、背中《せなか》についた
ヒレを、ガチャガチャとならした。
さすがに、あばれんぼうのアロサウルスも、
目玉《めだま》をやられて、すっかりまいった。
こそこそ、こそこそ……しっぽをまいて、
しげみの中《なか》へにげていった。
よかった、よかった。
「クウーッ！」

　おかあさんは、がんばったちびステゴに、やさしく声《こえ》をかけ、なんどもなんども顔《かお》をなめてくれた。

　やっとおかあさんにあえたちびステゴ。もうだいじょうぶだ。でも、いつまたおそろしい敵《てき》がやって来《く》るかしれない。

　そのときには、おかあさんのように、しっぽのとげでたたかうのだ。おかあさんはちびステゴに、そのたたかいかたを教《おし》えてくれたのだ。

「ゴッ、ゴッ、ゴッ！（みんなのところに行《い》くのよ。

ついておいで！）」
　おかあさんは、先《さき》に立《た》ってゆっくりと
歩《ある》きだした。ちびステゴは、おかあさんの
あとを、とことこ……と、ついていく。
　夕日《ゆうひ》が、西《にし》の空《そら》を赤《あか》くそめて、
かがやいている。
　赤《あか》い夕《ゆう》やけ空《ぞら》の中《なか》を、
ちびステゴは元気《げんき》よく
歩《ある》いていく……。

なぞとき
きょうりゅうの
たまごのなぞ

剣竜《けんりゅう》のなかま

　ステゴサウルスのひなのがんばりやさん、ちびステゴの話《はなし》はいかがでしたか。

　ステゴサウルスは、このシリーズの本《ほん》の中《なか》でも、なんどかとうじょうしました。たとえば、『アロサウルス』のものがたりでは、アロサウルスのむれにつかまって、食《た》べられてしまうステゴサウルスのようすが、えがかれています。

ステゴサウルス（7〜9メートル）

ステゴサウルスのような「剣竜《けんりゅう》」は、その名《な》まえのとおり、背中《せなか》や尾《お》にするどい剣《けん》のようなとげや、ひし形《がた》の骨板《こつばん》（このものがたりの中《なか》では「ヒレ」とよんでいます）を持《も》った草食《そうしょく》のきょうりゅうです。

　このなかまには、ステゴサウルスのほかに、トゥオジャンゴサウルス、ケントロサウルス、ウエルホサウルスなどがいます。

　ステゴサウルスは、それらの中《なか》ではいちばん体《からだ》が大《おお》きく、体長《たいちょう》は約《やく》七〜九メートル、体《たい》重《じゅう》は約《やく》二トンもありました。

いまから、およそ一億《おく》五千万年前《せんまんねんまえ》のジュラ紀《き》にすんでおり、その化石《かせき》は北《きた》アメリカのコロラド州《しゅう》やオクラホマ州《しゅう》、中国《ちゅうごく》などから発見《はっけん》されています。

前足《まえあし》は、うしろ足《あし》にくらべてみじかく、ちょうど、ウシのひづめに似《に》た、五本《ほん》の指《ゆび》がありました。

うしろ足《あし》は前足《まえあし》の二倍《ばい》あり、指《ゆび》は四本《ほん》でした。

ふだんは四本足《ほんあし》で歩《ある》きましたが、木《こ》の葉《は》などを食《た》べるときは、うしろ足《あし》で立《た》ちあがった

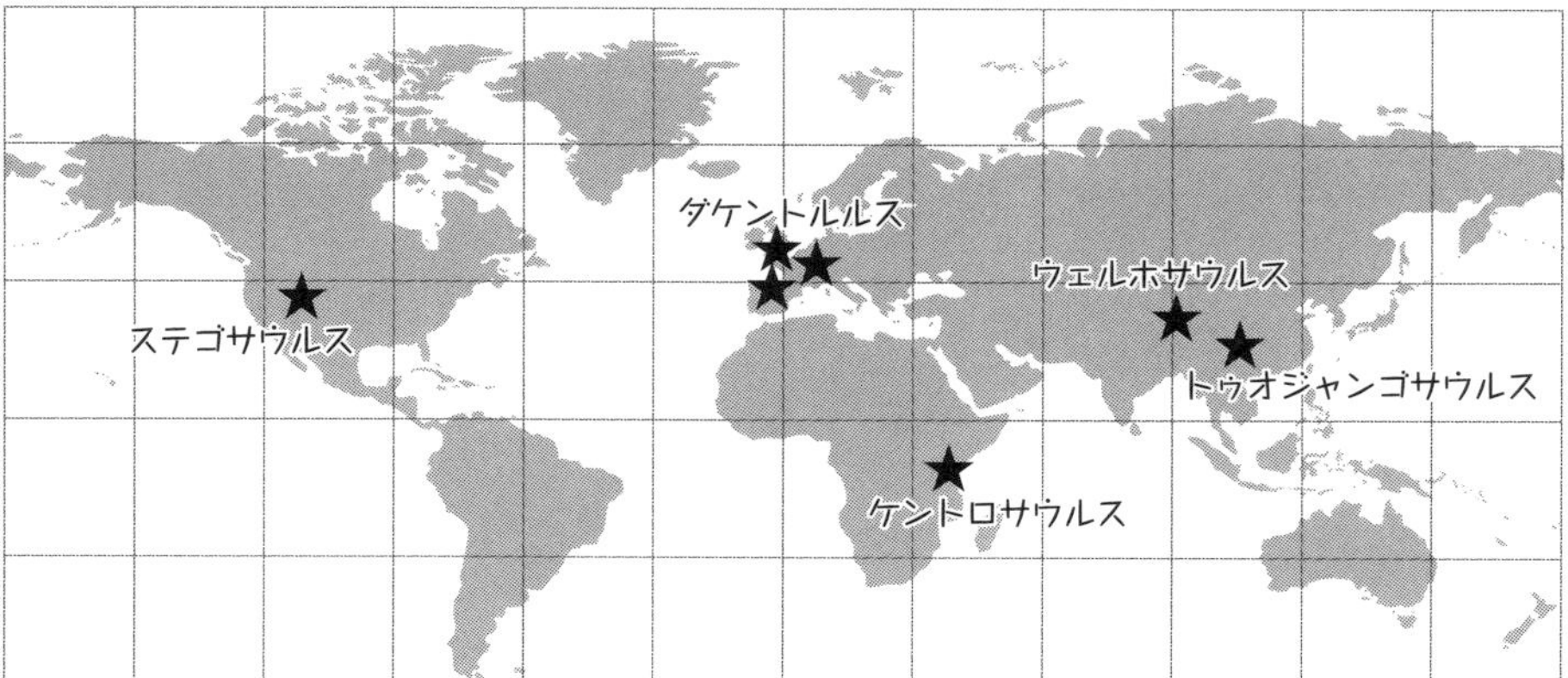

★…ステゴサウルス科《か》の化石《かせき》が発見《はっけん》された場所《ばしょ》

かもしれない、と考《かんが》えられています。

頭《あたま》は、どう体《たい》にくらべて小《ちい》さく、細《ほそ》くて、口《くち》はとがっています。歯《は》も小《ちい》さくて、あごのかたがわに、二三本《ぼん》の細《ほそ》い歯《は》がありました。

ステゴサウルスの脳《のう》みそは、ちょうどクルミくらいの大《おお》きさでした。だからステゴサウルスは、あまり頭《あたま》のはたらきがよくなかったのではないか、ともいわれています。

ステゴサウルスのとくちょうは、なんといっても、背中《せなか》についた骨板《こつばん》と、尾《お》の先《さき》のとげです。

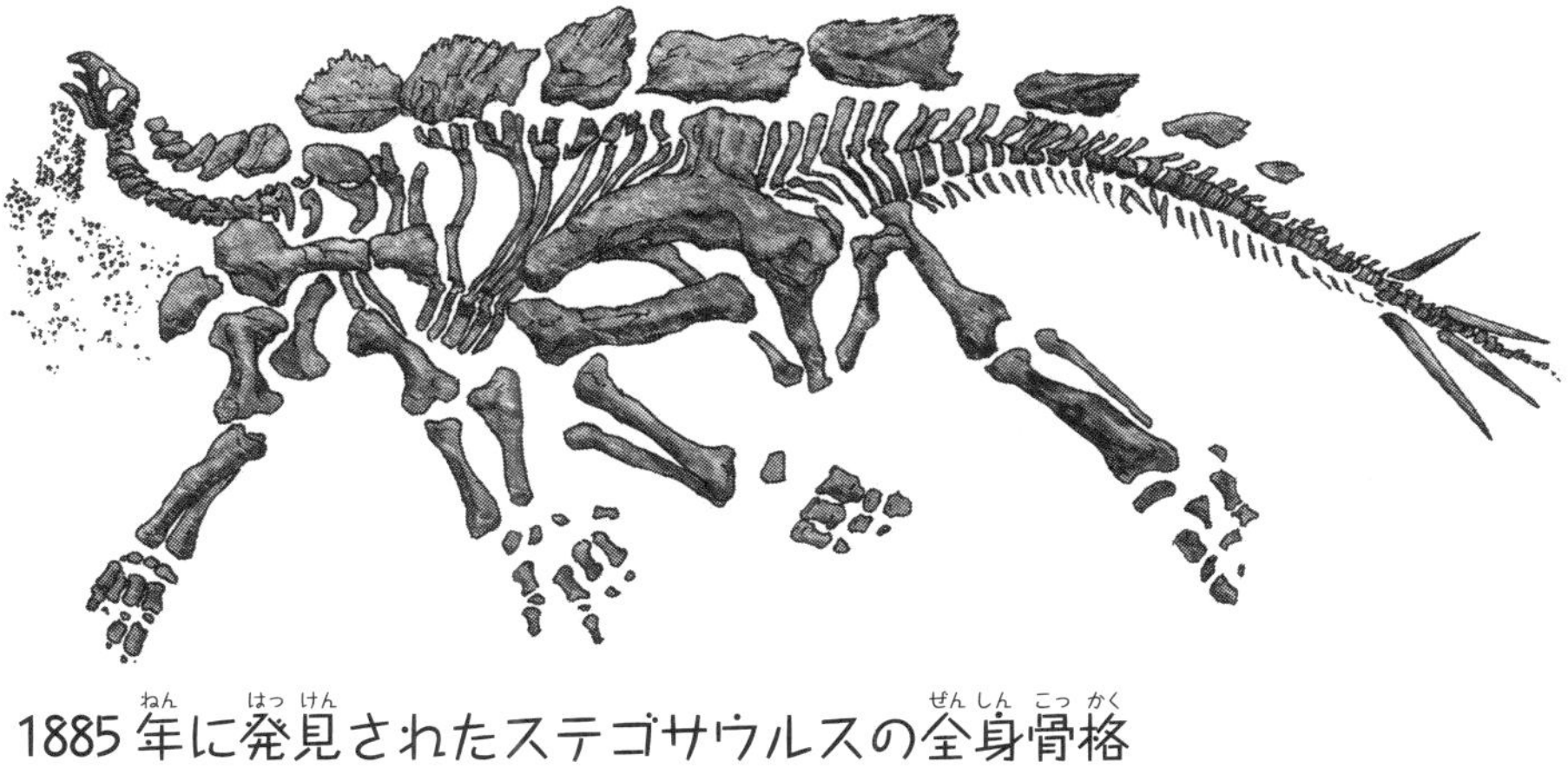

1885年《ねん》に発見《はっけん》されたステゴサウルスの全身骨格《ぜんしんこっかく》

骨板《こつばん》はひし形《がた》をしていて、もっとも大《おお》きいのは、高《たか》さが約《やく》八〇センチメートルもありました。

そんな板《いた》が、首《くび》から背中《せなか》にかけて、たてに二列《れつ》、たがいちがいにならんでいました。

しっぽの先《さき》には、四本《ほん》のするどいとげがついていました。

このとげは、敵《てき》から身《み》を守《まも》るためのものでした。

ものがたりの中《なか》で、ちびステゴが、あばれんぼうのアロサウルスに食《た》べられそうになっ

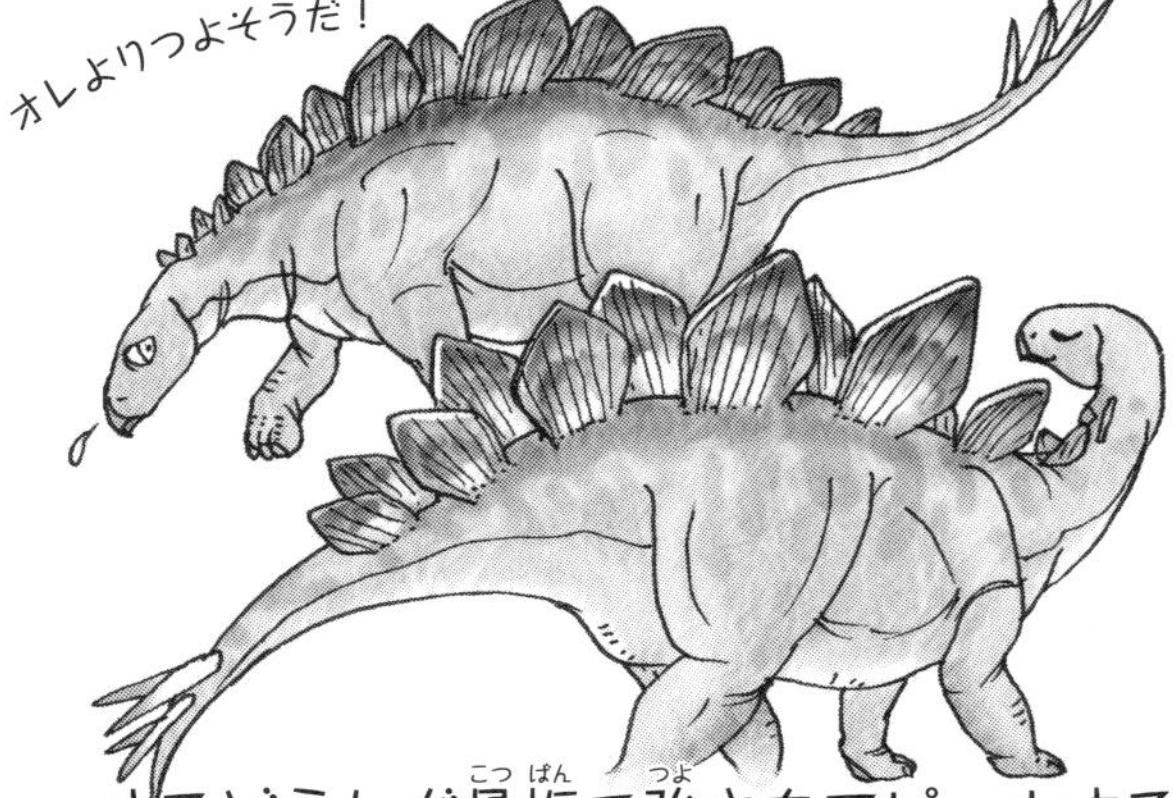

オスどうしが骨板《こつばん》で強《つよ》さをアピールする

たとき、おかあさんがあらわれて、とげで、アロサウルスの目《め》をつきさしましたね。

つまり、敵《てき》とたたかうときに、このとげをうまく使《つか》ったのです。

ところで背中《せなか》の骨板《こつばん》は、いったいどんな役《やく》目《め》をはたしたのでしょうか。ただのかざりだったのでしょうか。

科学者《かがくしゃ》は、おそらくこの二列《れつ》にならんだ背《せ》中《なか》の板《いた》を、ガチャ、ガチャならして、敵《てき》をおどかすのに使《つか》ったのではないか、といっています。

骨板《こつばん》の使《つか》い方《かた》は ほかにもいろいろな説《せつ》があります

体温《たいおん》を調節《ちょうせつ》する

ハデな色《いろ》でメスの気《き》をひ

ものがたりの中《なか》でも、おかあさんのステゴサウルスがアロサウルスに向《む》かって、「さあ、もういっちょう、おみまいしようかね！」といって、背中《せなか》のヒレをガチャガチャとならしましたね。

また、ステゴサウルスの体《からだ》の皮《ひ》ふは、かたくて、皮《ひ》ふの上《うえ》にちょうど、よろいのような小《ちい》さなぶつぶつの骨《ほね》がありました。敵《てき》にかまれたとき、そのかたい皮《ひ》ふで身《み》を守《まも》ったのでしょう。

ステゴサウルスの、生《い》きていたときのよう

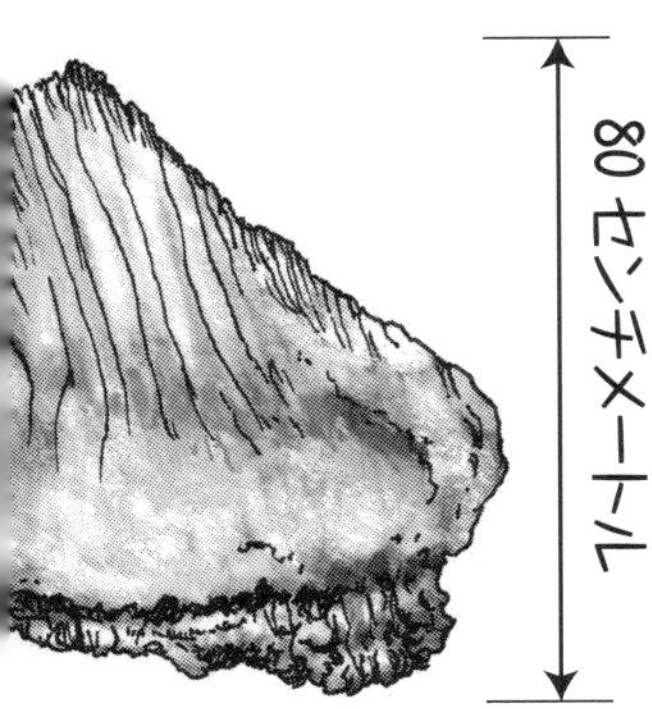

骨板《こつばん》の化石《かせき》

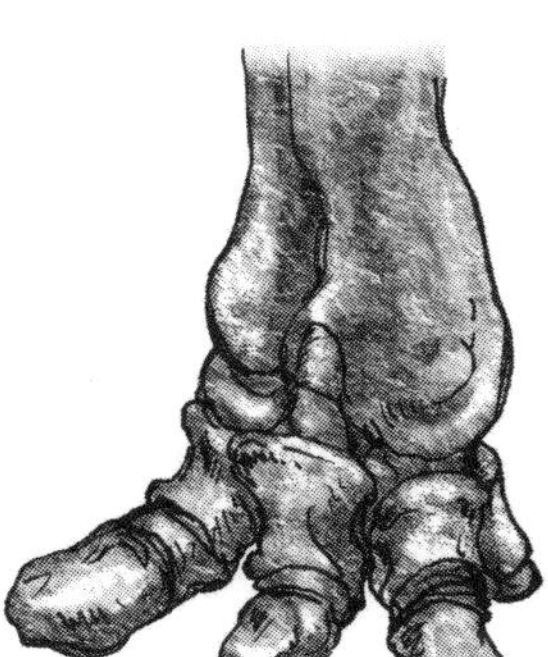
うしろ足《あし》（指《ゆび》は４本《ほん》）

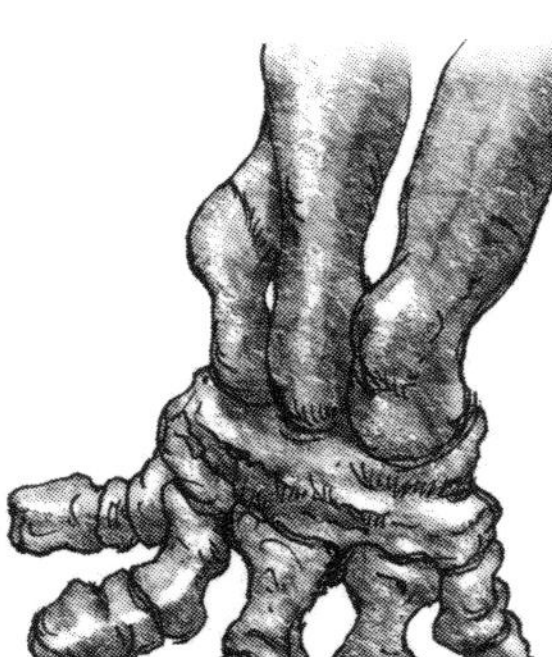
前足《まえあし》（指《ゆび》は5本《ほん》）

すを見《み》たものは、だれもいません。

科学者《かがくしゃ》たちが、ほり出《だ》した化石《かせき》の骨《ほね》をもとにいろいろと研究《けんきゅう》をかさね、おそらく、こんなすがただったろうと考《かんが》え、まず骨《ほね》組《ぐ》みをつくりました。

ステゴサウルスの骨《ほね》組《ぐ》みを、いまわたしたちが博物館《はくぶつかん》などで見《み》るようなすがたに組《く》み立《た》てたのは、アメリカの学者《がくしゃ》・ギルモア博士《はかせ》です。つぎのページの絵《え》（図《ず》1）をごらんなさい。ステゴサウルスが、まるでワニのように、はいつくばったすがたになっていますね。

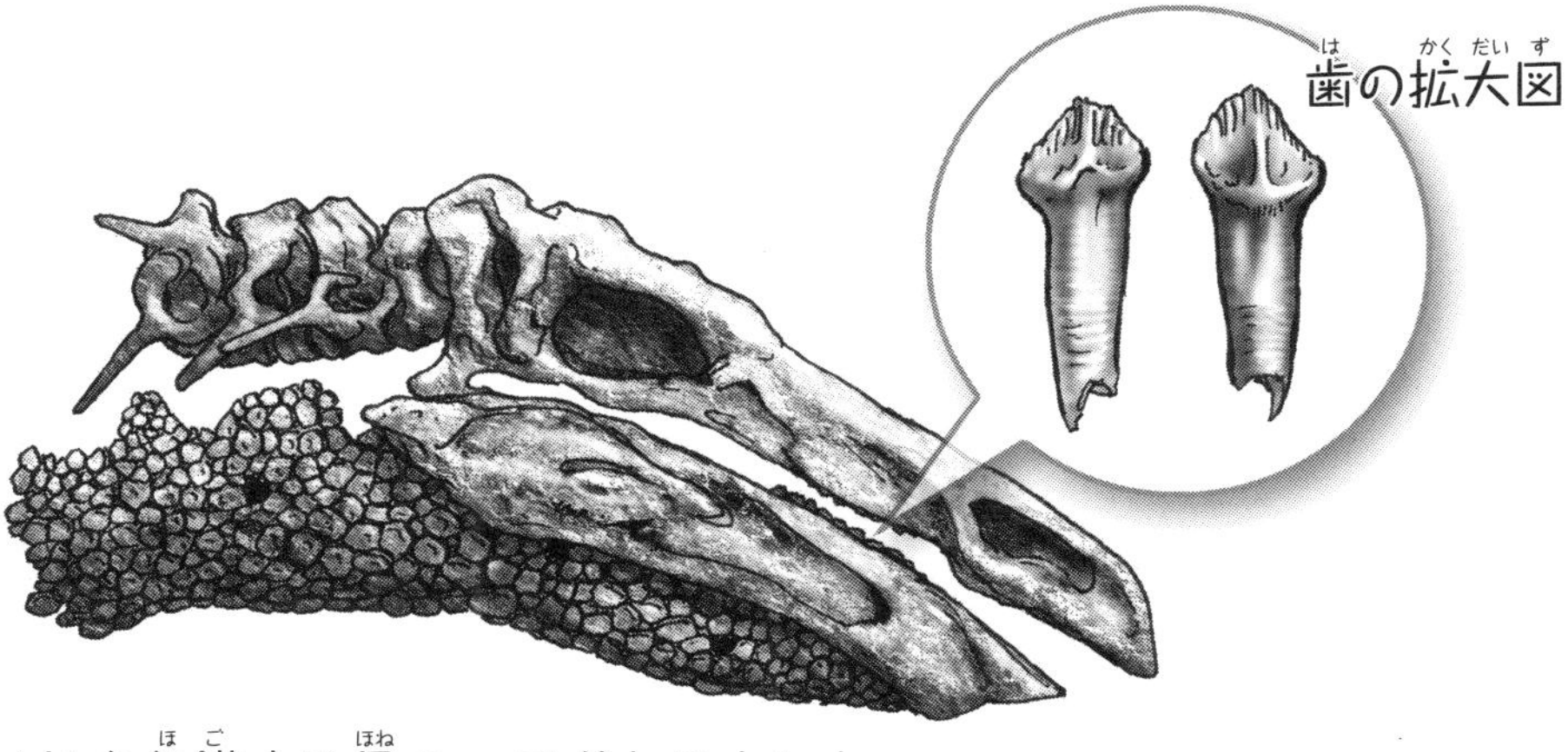

ノドを保護《ほご》する骨《ほね》のつぶがありました

これは、いまから九五年《ねん》ほど前《まえ》に、ハッチンソンという人《ひと》が想像《そうぞう》した、ステゴサウルスのすがたです。

左《ひだり》のページの絵《え》（図《ず》2）は、バッカーと、シルバーマンという二人《ふたり》の科学者《かがくしゃ》が考《かんが》えた、ステゴサウルスのすがたです。

背中《せなか》の骨板《こつばん》は両《りょう》がわにたおれていますね。二人《ふたり》によるとステゴサウルスは、ふだんは骨板《こつばん》を腹《はら》がわにたおしており、敵《てき》がやって来《く》ると、その骨板《こつばん》を立《た》てて、体《からだ》を大《おお》きく見《み》せておどしたのだ、というのです。

（図《ず》1）

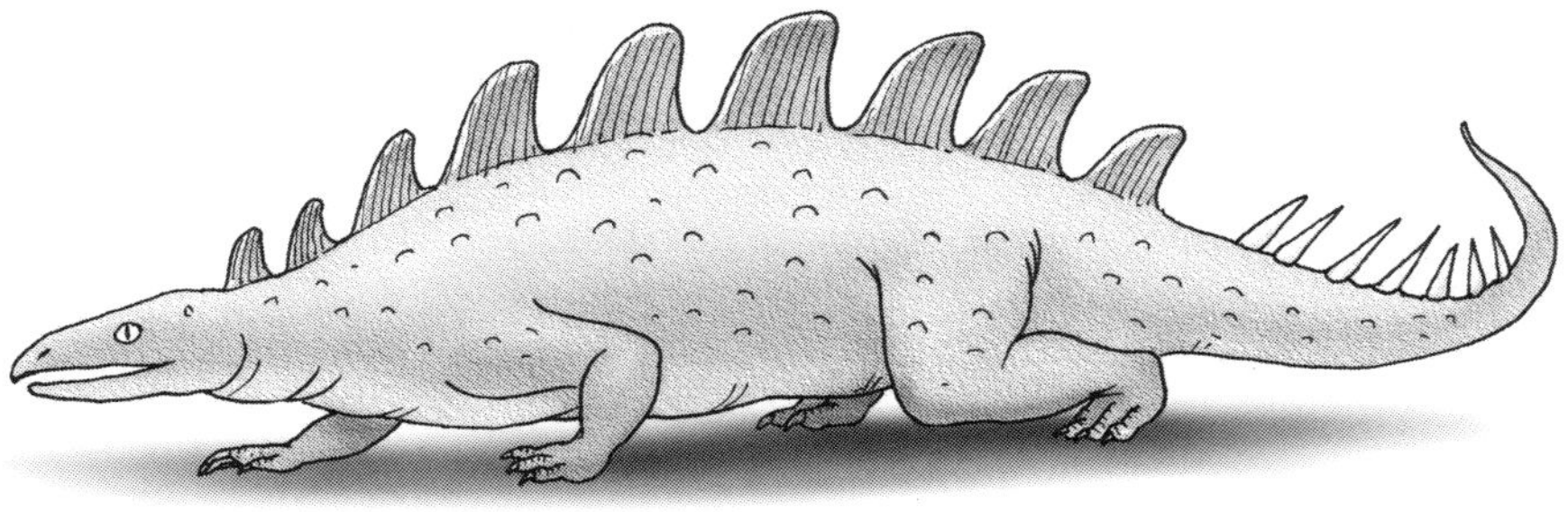

ハッチンソンの想像図《そうぞうず》

（図《ず》2）

バッカーとシルバーマンの想《そう》像《ぞう》図《ず》

なかなか、おもしろい考《かんが》えですね。

はたして、どちらがほんとうのステゴサウルスのすがただったのでしょうか……。

あなたもひとつ、自分《じぶん》で考《かんが》えてみてごらんなさい。きっと、たのしいステゴサウルスができあがることでしょう。

よくりゅうときょうりゅう

このものがたりには、ステゴサウルスのほかに、あばれんぼうのアロサウルス、大《おお》きな

この本《ほん》に出《で》てくるきょうりゅうたちの大《おお》きさくらべ

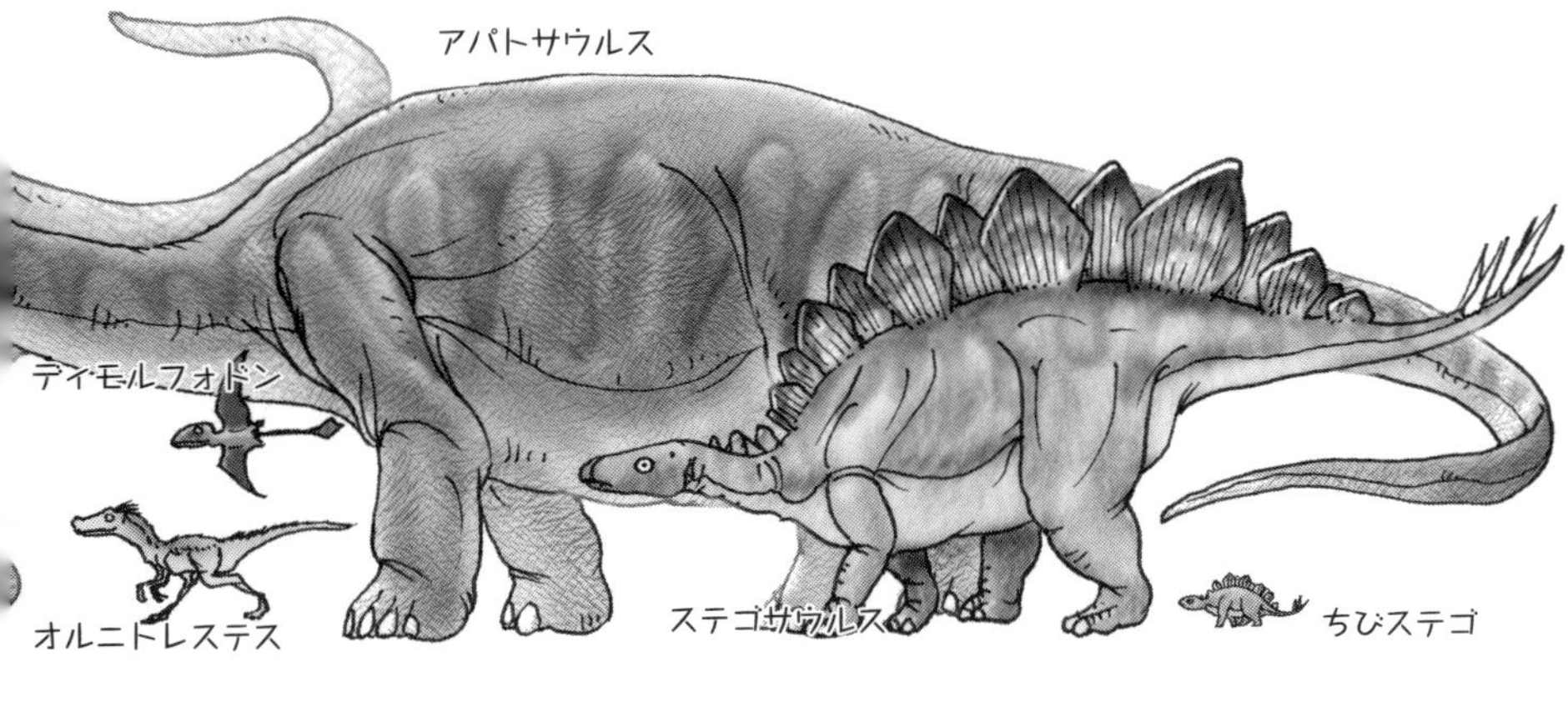

体《からだ》で首《くび》の長《なが》いアパトサウルス、そして足長《あしなが》きょうりゅうのオルニトレステス、空《そら》をとぶよくりゅう（翼竜《よくりゅう》）のディモルフォドン、水《みず》の中《なか》で遊《あそ》んでいたブラキオサウルスなどの、きょうりゅうたちが出《で》てきました。

それらのきょうりゅうについて、ここでお話《はなし》をしておきましょう。

あばれんぼうのアロサウルスについては、このシリーズの『アロサウルス』、アパトサウルスについては『アパトサウルス』の本《ほん》をぜひごらんください。

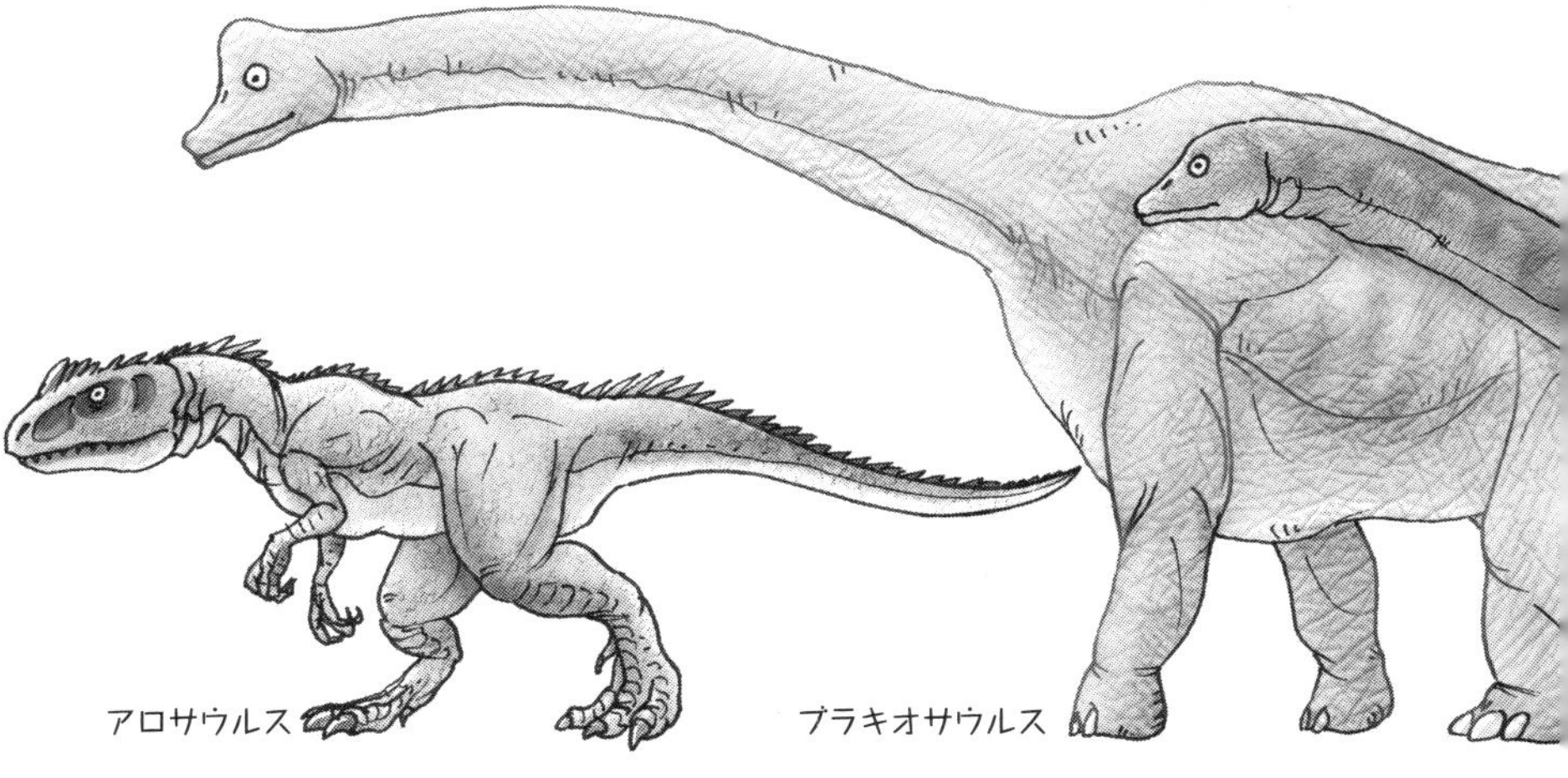

アロサウルスとアパトサウルスは、ステゴサウルスと同《おな》じ一億《おく》五千万年前《せんまんねんまえ》のジュラ紀《き》にすんでいたきょうりゅうです。アロサウルスは、肉《にく》を食《た》べるとてもおそろしいきょうりゅうで、アパトサウルスは、体《からだ》は大《おお》きくても、草《くさ》を食《た》べるおとなしいきょうりゅうです。この本《ほん》のシリーズ、『アパトサウルス』の中《なか》に、それらが、どんなきょうりゅうだったか、くわしく書《か》いてあるので、ぜひ読《よ》んでください。

さてつぎは、足長《あしなが》きょうりゅうのオルニトレステスです。

前足《まえあし》と尾《お》に羽根《はね》

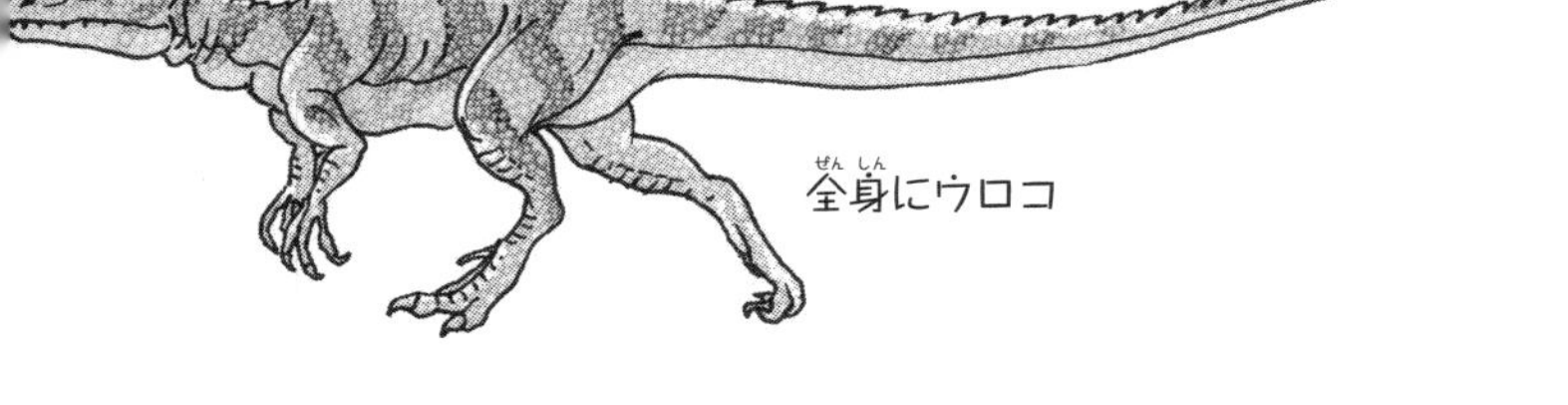
全身《ぜんしん》にウロコ

オルニトレステスは「トリどろぼう」という意味《いみ》です。

おそらく、その長《なが》い足《あし》で、ぴょんぴょんみがるにとび歩《ある》き、ヤブや森《もり》の中《なか》にいる、「シソチョウ（始祖鳥《しそちょう》）」とよばれるトリや、このものがたりに出《で》てくる、よくりゅうなどをつかまえたり、小《ちい》さなトカゲや、きょうりゅうの子《こ》どもを見《み》つけて食《た》べた、と考《かんが》えられています。

オルニトレステスの体《からだ》の大《おお》きさは二メートルくらいで、ほっそりとした体《からだ》つきをしてお

オルニトレステスの いろいろな復元模型《ふくげんもけい》

背中《せなか》に羽毛《うもう》

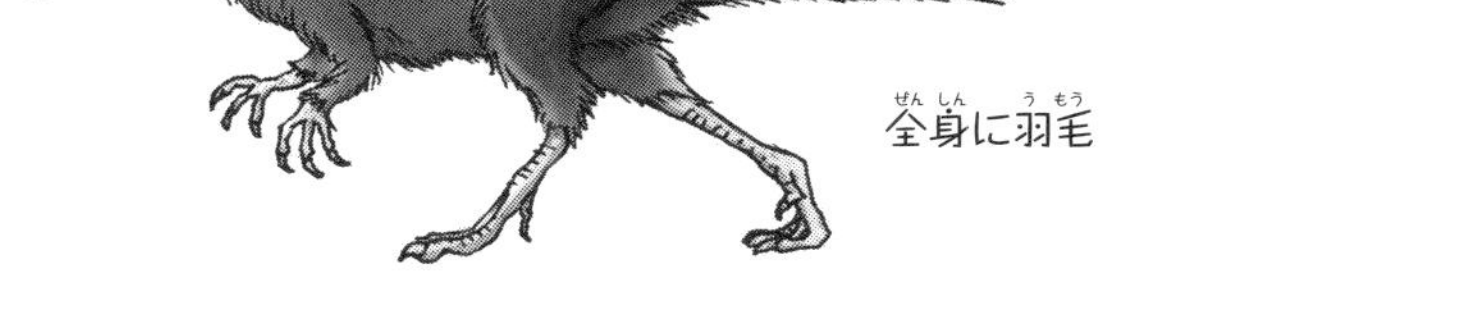
全身《ぜんしん》に羽毛《うもう》

り、いかにもすばしっこそうでした。

長《なが》い首《くび》と長《なが》い尾《お》、前足《まえあし》はみじかく、三本《ぼん》の指《ゆび》があり、つめはするどくて、このつめでえものをひっかけたのです。

生《う》まれたばかりのきょうりゅうの子《こ》どもは、ずいぶんオルニトレステスのえじきになっただろう、といわれています。

オルニトレステスが、いまにもちびステゴを食《た》べようとしているとき、空《そら》からあらわれたのがよくりゅうのディモルフォドンです。

ディモルフォドンは、体《からだ》の大《おお》きさは約《やく》一メ

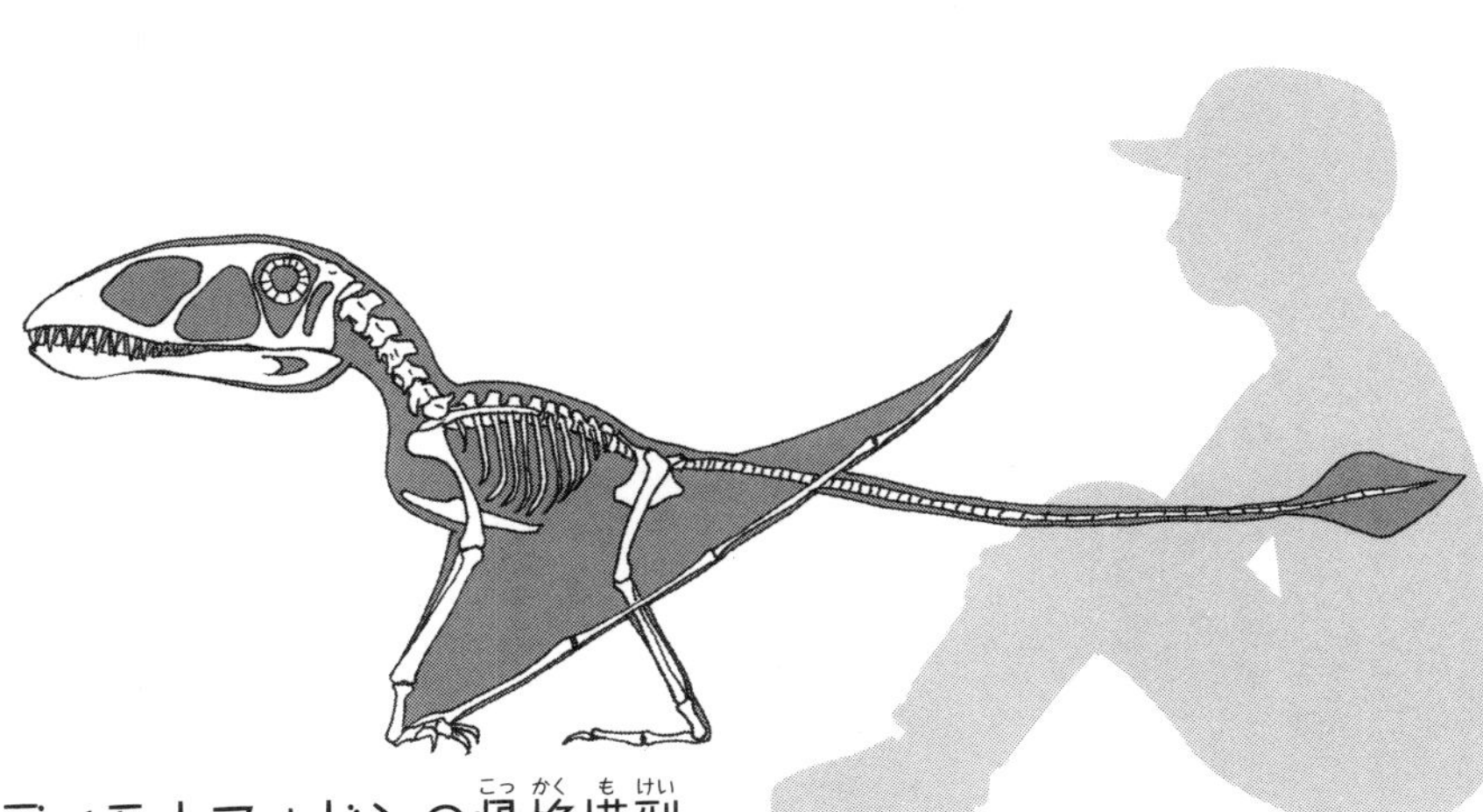

ディモルフォドンの骨格模型《こっかくもけい》

ートルで、つばさをひろげた長《なが》さは、一・六メートルほどです。

みなさんは、コウモリという動物《どうぶつ》を知《し》っていますか。

コウモリは、うすぐらいほらあなの中《なか》にすんでいて、夕方《ゆうがた》になると外《そと》に出《で》て、虫《むし》などを食《た》べます。

よくりゅうは、見《み》かけはコウモリによく似《に》ています。ひらひらした、うすいまくのつばさで空《そら》をとび、虫《むし》や小《ちい》さな動物《どうぶつ》たちを食《た》べたと思《おも》われています。

ディモルフォドンの復《ふく》元《げん》模《も》型《けい》

でも、コウモリは、ネズミやリスやムササビなどのように、あかちゃんが、おかあさんのおなかから生《う》まれます。

よくりゅうは、きょうりゅうやトカゲと同《おな》じように、おかあさんはたまごを生《う》み、あかちゃんは、そのたまごのからをやぶって出《で》てくるのです。そこが、コウモリとちがっています。

また、コウモリのつばさは、前足《まえあし》の五本《ほん》の指《ゆび》のあいだに、ひらひらとうすいまくができていて、そのまくをひろげてとぶのです。

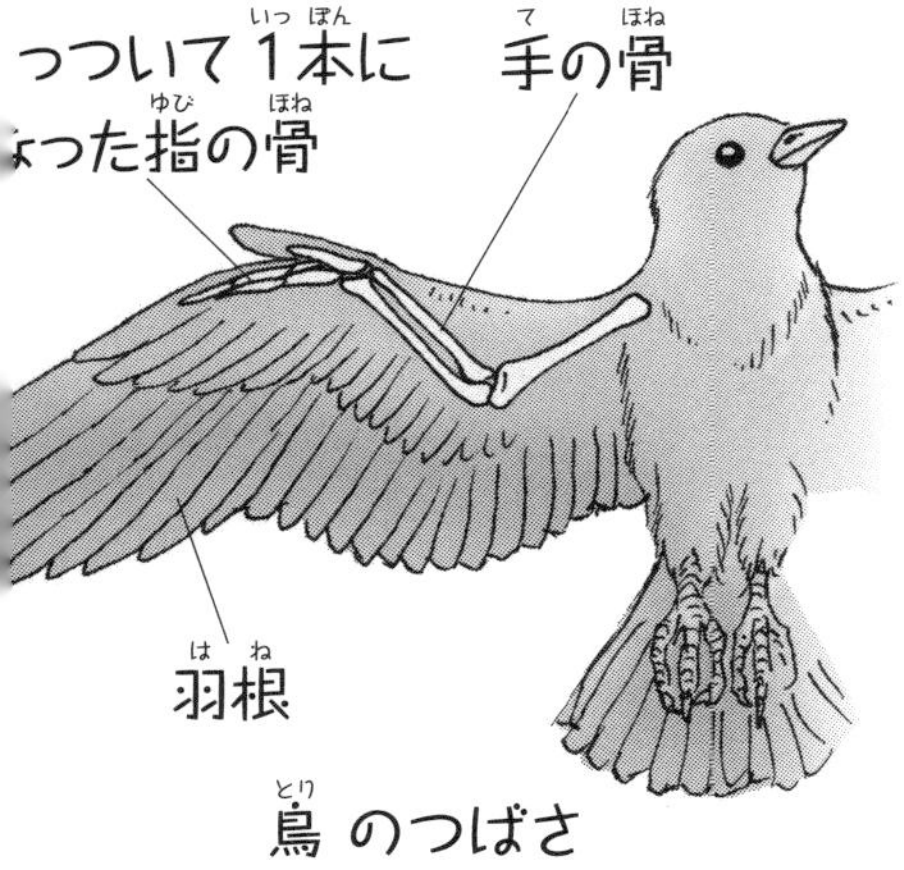

鳥《とり》のつばさ

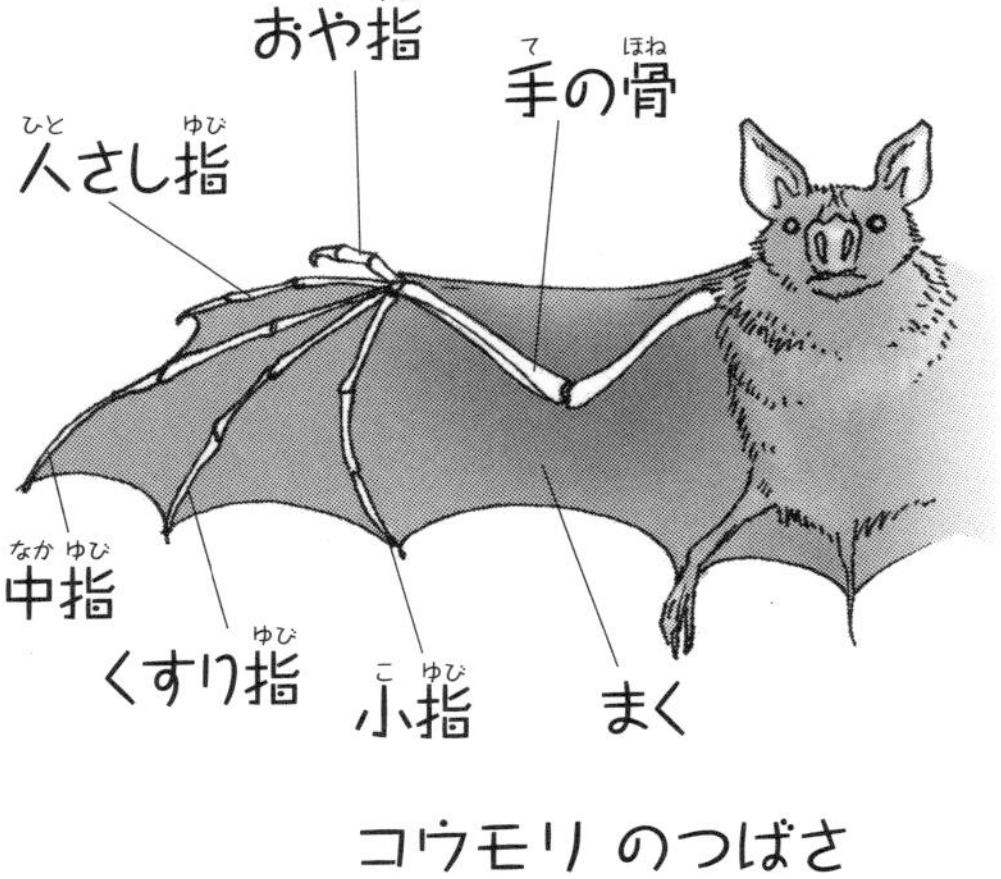

コウモリのつばさ

みなさんが雨《あめ》のときにさす、コウモリガサを思《おも》い出《だ》してください。

コウモリガサは、まるでコウモリのように、そのつばさをとじたり、ひらいたりすることから、名《な》づけられたのです。

ところが、いっぽうのよくりゅうのつばさは、四本指《ほんゆび》のうち、くすり指《ゆび》だけがのびて、その指《ゆび》とうしろ足《あし》のあいだにできたひらひらしたまくをひろげてとんだのです。

みなさんは、モモンガという動物《どうぶつ》をごぞんじですか。

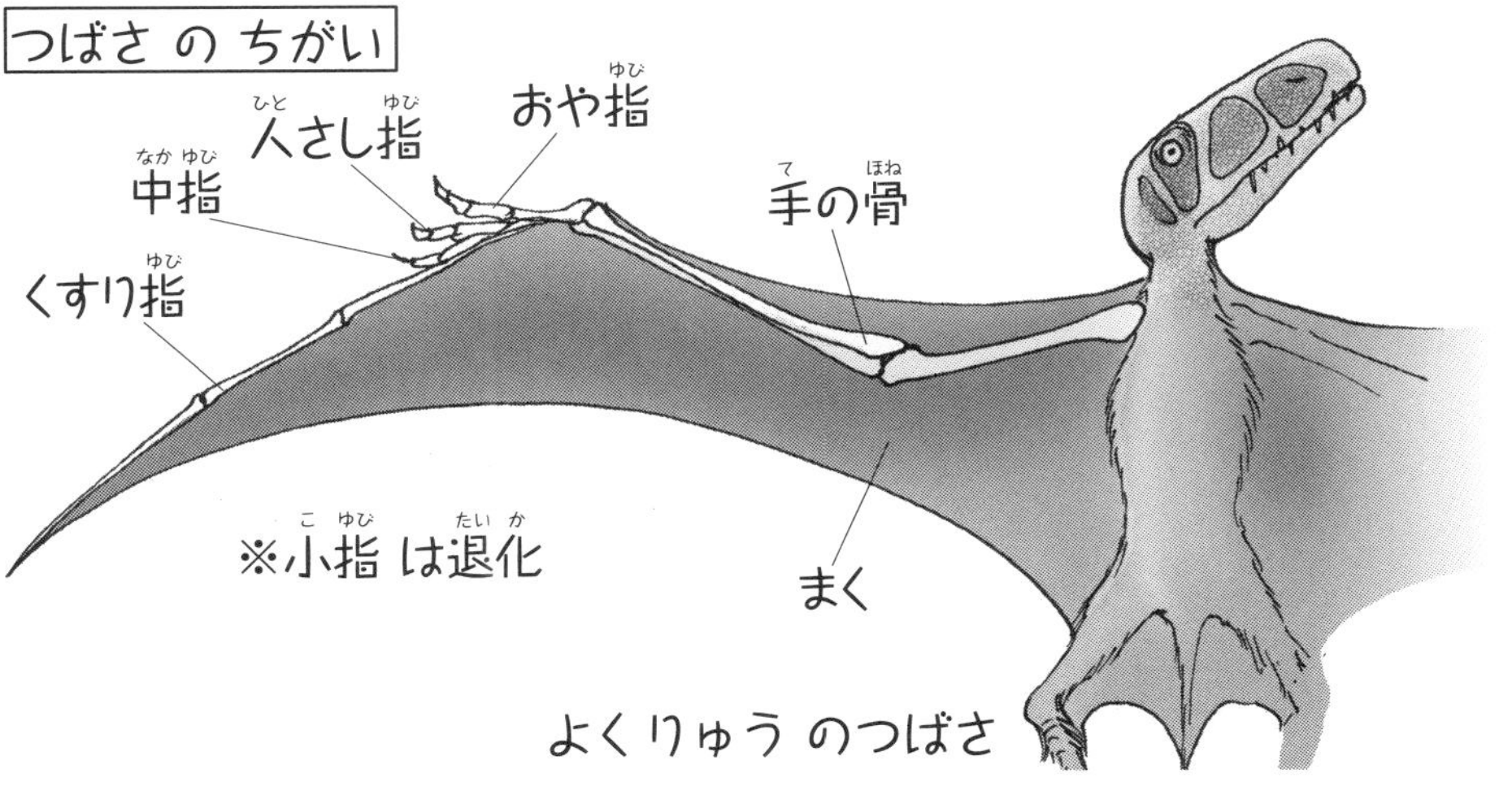

モモンガは夜《よる》、木《き》と木《き》のあいだを、ひらりと、とんでわたります。モモンガは、前足《まえあし》とうしろ足《あし》とのあいだにまくがあり、そのまくをひろげてとぶのです。

それにしても、このものがたりの時代《じだい》に、ディモルフォドンのように、空《そら》をとぶきょうりゅうのなかまがいたとはおどろきですね。

一八二八年《ねん》にこの化石《かせき》が発見《はっけん》されたのは、イギリスのライム・リージスという海岸《かいがん》にあるジュラ紀前期《きぜんき》（二億《おく》一千万年前《せんまんねんまえ》〜一億《おく》八千《せん》万年前《まんねんまえ》）の地層《ちそう》からでした。

モモンガ

さて、さいごに、ぬまの中《なか》でちびステゴを頭《あたま》の上《うえ》にのせた、ゆかいなブラキオサウルスについてお話《はなし》しましょう。

ブラキオサウルスとは「うでトカゲ」という意味《いみ》です。体長《たいちょう》二五メートル、体高《たいこう》一六メートル、体重《たいじゅう》は二三トンもある巨大《きょだい》なきょうりゅうでした。うしろ足《あし》にくらべ前足《まえあし》が長《なが》く、ふかい水《みず》の中《なか》でも、前足《まえあし》をのばして立《た》つことができました。

鼻《はな》のあなが頭《あたま》のてっぺんにあり、水中《すいちゅう》でくらしていたといわれていましたが、その後《ご》の

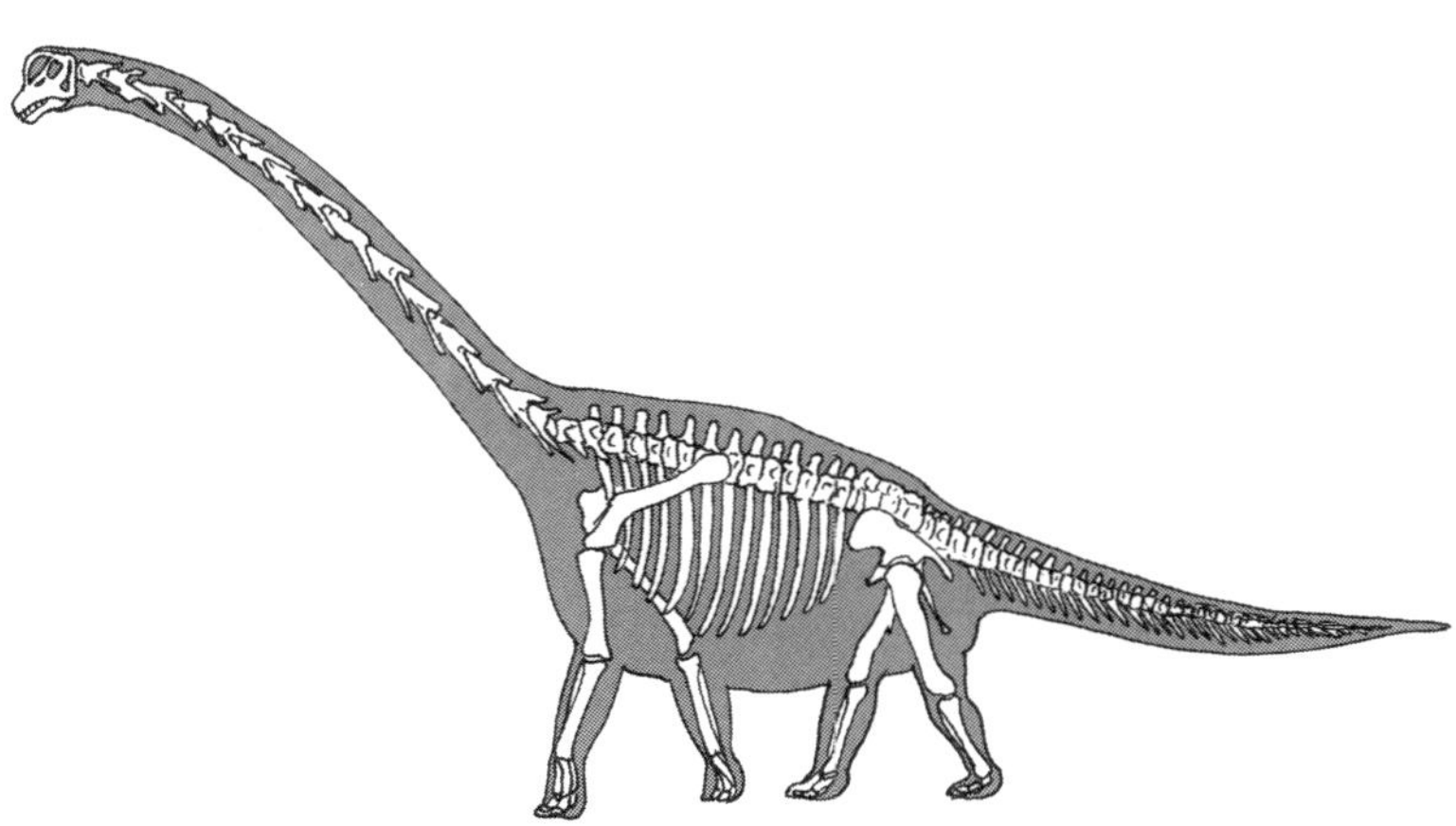

ブラキオサウルスの骨格模型《こっかくもけい》

研究《けんきゅう》で横隔膜《おうかくまく》がないことがわかり、陸《りく》で生活《せいかつ》していたことがはっきりしました。むねに横《おう》隔膜《かくまく》がないと、水圧《すいあつ》で肺《はい》がおしつぶされ、息《いき》ができないからです。

巨大《きょだい》きょうりゅうといえば一九七二年《ねん》、アメリカのコロラド州《しゅう》で、ブラキオサウルスより、さらに大《おお》きな化石《かせき》が発見《はっけん》されました。

はじめ「ウルトラサウルス」とよばれたその化石《かせき》は、その後《ご》の調《しら》べで「スーパーサウルス」と名《な》づけられました。体長《たいちょう》は約《やく》三三メートル、重《おも》さ四〇トンをこえ、その大《おお》きさから

ブラキオサウルス（25メートル）
前足《まえあし》が長《なが》く、高《たか》い木《き》の葉《は》を食《た》べることができました

一〇〇年《ねん》以上《いじょう》生《い》きたのもいただろうといわれています。

きょうりゅうのたまご

さいごに、かんじんなきょうりゅうのたまごについて、お話《はなし》をしましょう。

ものがたりのはじめに、ステゴサウルスのあかんぼうたちが、すなの中《なか》から、ごそごそはい出《だ》してくるところがありました。

もちろん、だれも見《み》たものはいませんから、

スーパーサウルス（33メートル）
地球《ちきゅう》の歴史《れきし》の中《なか》でいちばん大《おお》きな生《い》き物《もの》の一つです

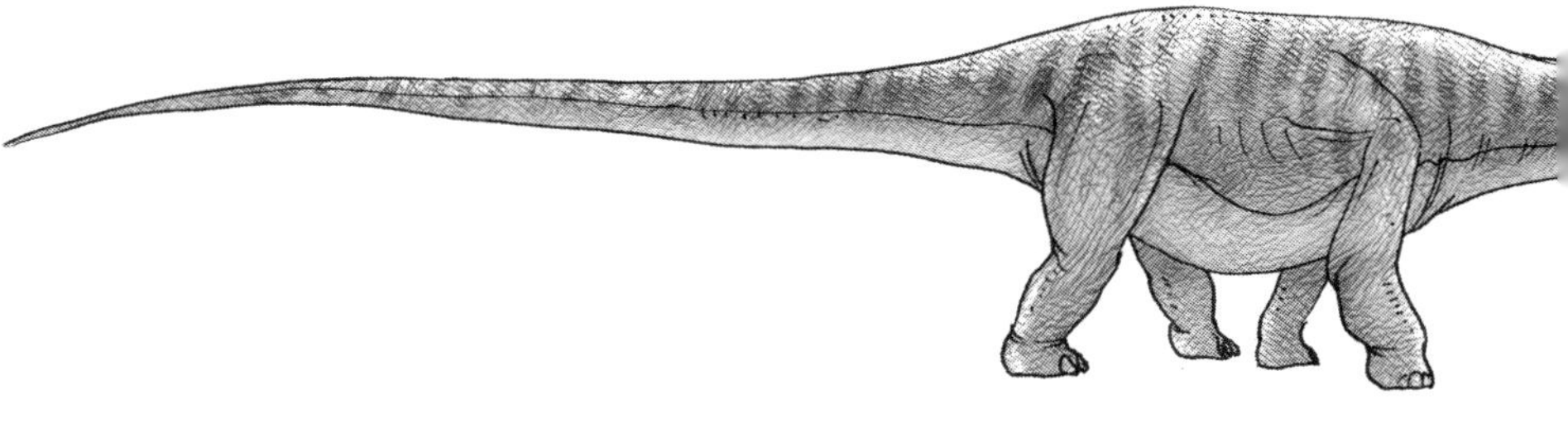

あくまでも、わたしが想像《そうぞう》でえがいたものです。だからといって、まったくのでたらめではありません。

きょうりゅうは、ヘビやトカゲ、ワニ、カメなどと同《おな》じ「はちゅう類《るい》」とよばれる動物《どうぶつ》のなかまです。

はちゅう類《るい》は、すべてたまごを生《う》み、そこから子《こ》どもがかえります。

ニワトリをはじめ、さまざまなトリも、はちゅう類《るい》からわかれてできた生《い》き物《もの》です。したがって、たまごを生《う》みます。

さて、きょうりゅうのたまごは、これまでいろいろなところで発見《はっけん》されています。

一九二三年《ねん》、アンドリュースという、アメリカの科学者《かがくしゃ》がひきいるたんけん隊《たい》は、ゴビさばくで、きょうりゅうの骨《ほね》を見《み》つけました。

そこは、「ほのおのがけ」とよばれる岩山《いわやま》で、岩《いわ》の小《ちい》さくはりだしたところに、二五センチメートルほどの、ひょろ長《なが》く、つるつるした、かっ色《しょく》の石《いし》がのっていました。

「なんだろう……」と思《おも》って、科学者《かがくしゃ》が近《ちか》づいてみると、それは、ただの石《いし》ではなく、化《か》

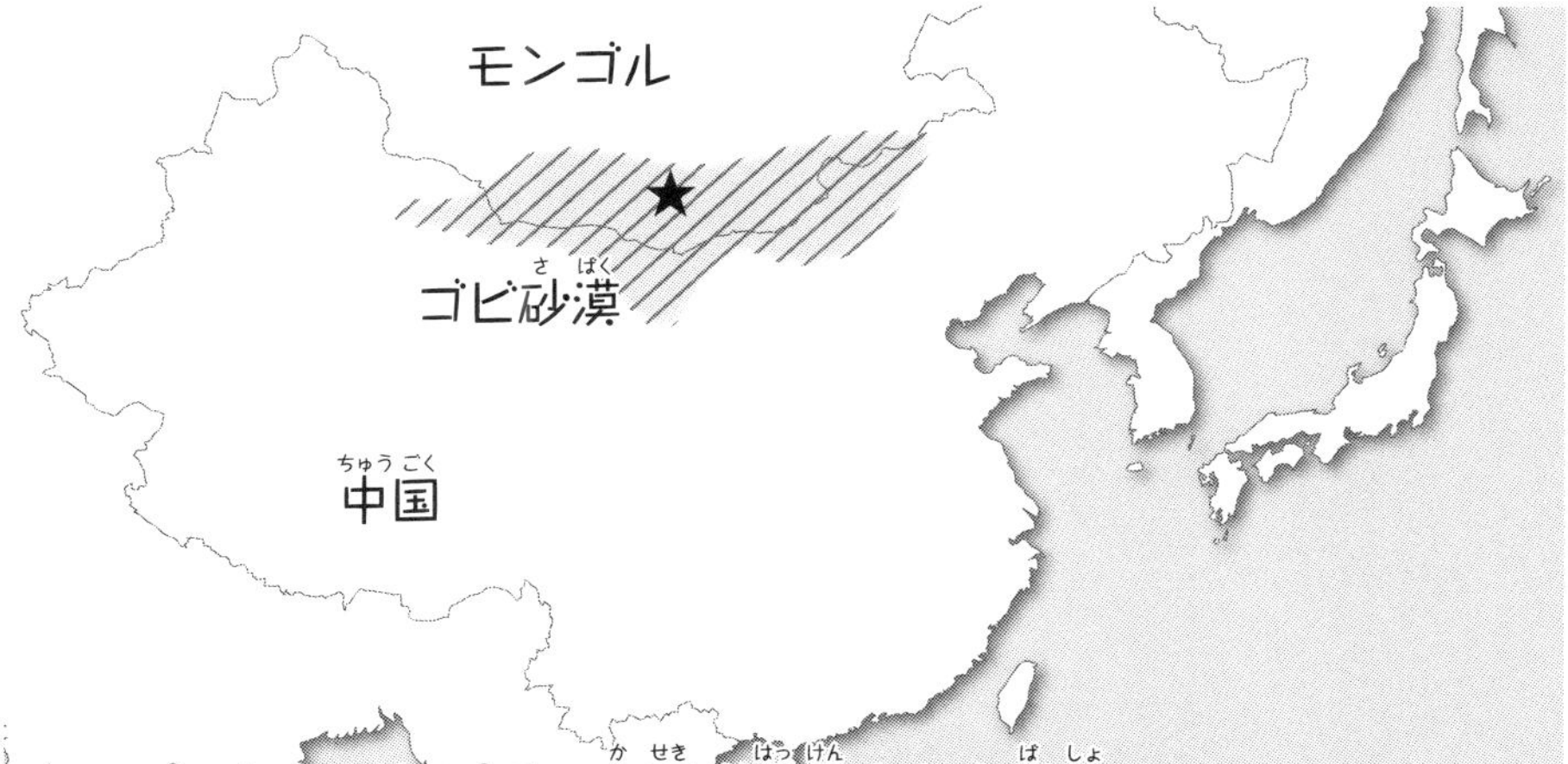

★…プロトケラトプスの化石《かせき》が発見《はっけん》された場所《ばしょ》

石《せき》でした。

「ひょっとしたら、きょうりゅうの、たまごの化石《かせき》かもしれないぞ」

科学者《かがくしゃ》たちは、こうふんしてさけびました。

まわりを調《しら》べてみると、つぎつぎに同《おな》じようなものが見《み》つかりました。

一か所《しょ》に、五個《こ》かたまっていたり、九個《こ》が、まるい輪《わ》をつくって、ならんでいたりしました。

こうして、ぜんぶで二五個《こ》の、たまごらしい化石《かせき》を見《み》つけ、アメリカへ持《も》ってかえりま

ほのおのがけ

した。

科学者《かがくしゃ》たちは、はたしてきょうりゅうのたまごかどうか、中《なか》をわって調《しら》べてみることにしました。

中《なか》はほとんど、かたくなったすなが、いっぱいつまっていましたが、そのうちのいくつかから、小《ちい》さな骨《ほね》が出《で》てきました。

科学者《かがくしゃ》は、その骨《ほね》をとり出《だ》して、調《しら》べました。するとプロトケラトプスという、きょうりゅうのあかちゃんであることがわかりました。

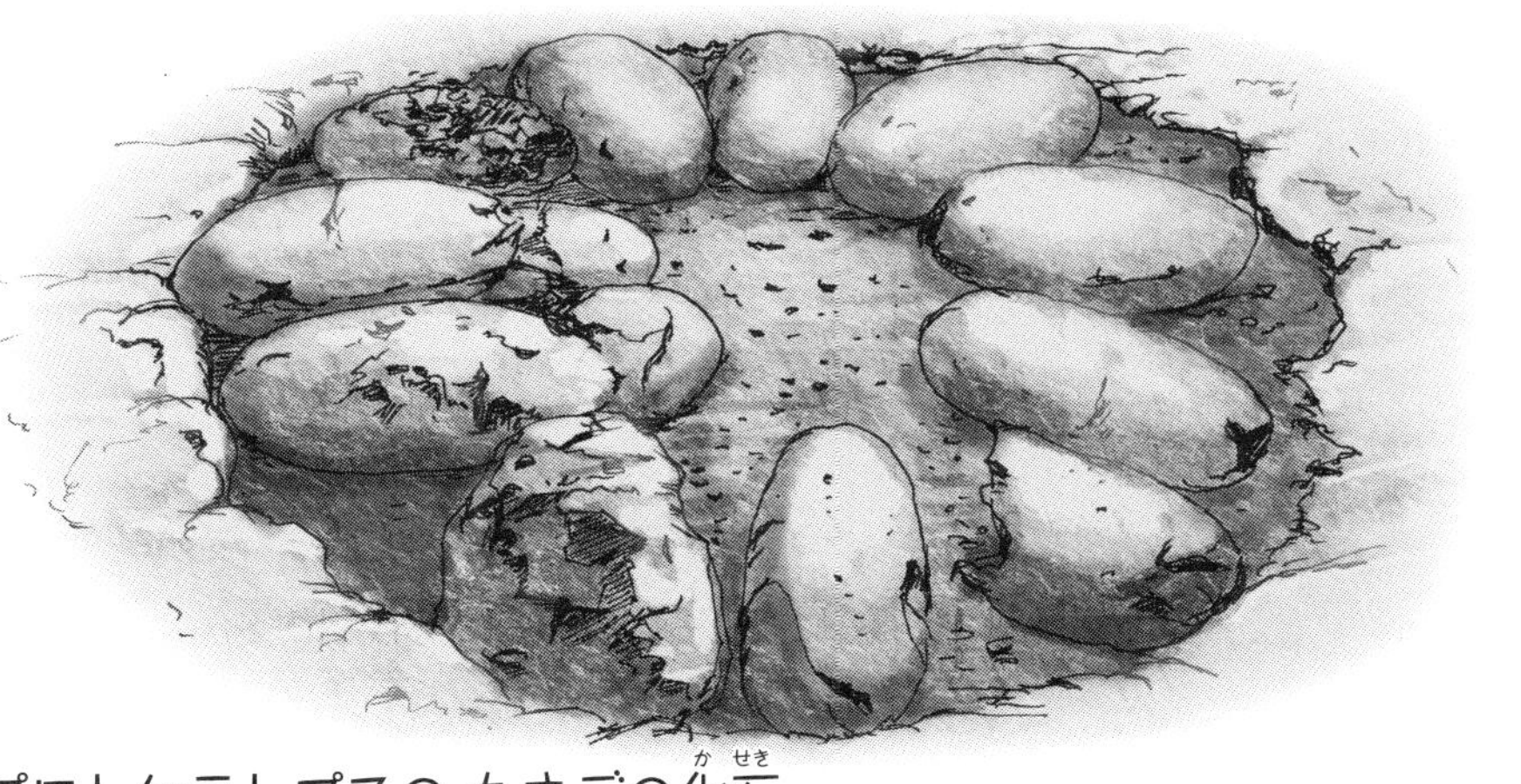

プロトケラトプスの たまごの化石《かせき》

ゴビさばくでは、プロトケラトプスの骨《ほね》がたくさん発見《はっけん》されています。

プロトケラトプスは、体《からだ》の長《なが》さが二メートルほどの、小《ちい》さなきょうりゅうです。

アンドリュース博士《はかせ》たちが、たまごを発見《はっけん》した「ほのおのがけ」の岩場《いわば》は、プロトケラトプスがたまごを生《う》む場所《ばしょ》でした。

プロトケラトプスのめすは、たまごを生《う》むときになると、そこへやって来《き》て、いまトカゲやワニやカメがやるように、足《あし》のつめで、すな場《ば》にあさいあなをほりました。そして、

プロトケラトプスの復元模型《ふくげんもけい》

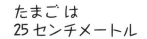

その中《なか》にたまごを生《う》みおとしたのです。生《う》んだあと、たまごの上《うえ》に、うすくすなをかぶせました。

たまごは、太陽《たいよう》の熱《ねつ》であたためられて、やがて何週間《なんしゅうかん》かたつと、からをやぶって、あかんぼうが外《そと》へ出《で》てきました。

トカゲや、ワニやカメなどの、はちゅう類《るい》は、みんなこうして、たまごから生《う》まれてくるのです。

ものがたりでは、ステゴサウルスのあかんぼう「ちびステゴ」が、たまごから生《う》まれた

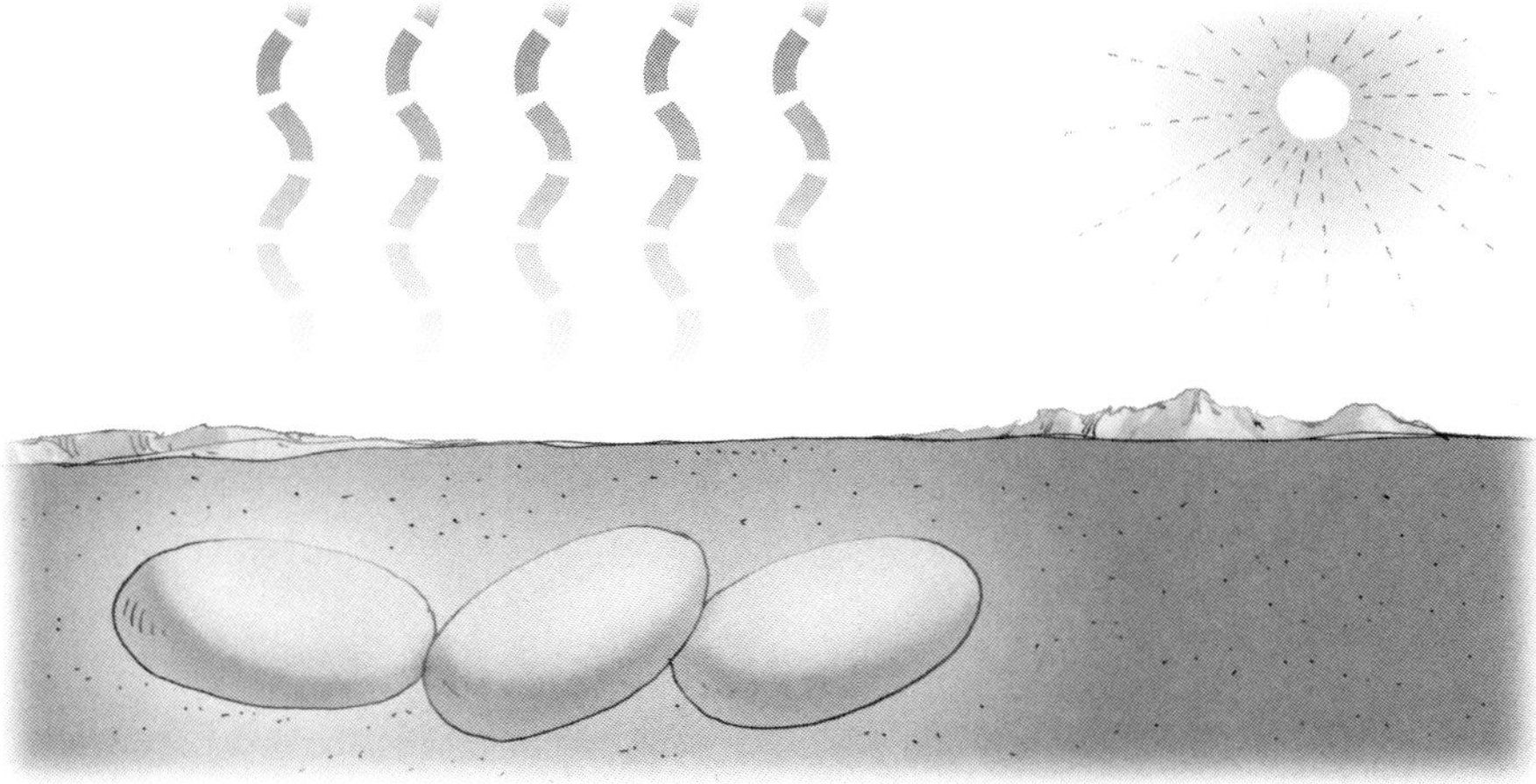

あと、親《おや》のところへ行《い》くようすをえがいています。はたしてそうだったのかどうかは、いまのところ、ステゴサウルスのたまごや巣《す》が発見《はっけん》されていないので、なんともいえません。

モンゴルで発見《はっけん》されたプロトケラトプスの場合《ばあい》は、たまごを巣《す》に生《う》みつけたあと、おかあさんは、たまごどろぼうのオルニトレステスなどからたまごを守《まも》るため、近《ちか》くで見《み》はりをしていただろう、といわれています。

いっぽう、カナダで発見《はっけん》された「マイアサウラ」というきょうりゅうは、営巣地《えいそうち》を持《も》っ

プロトケラトプス と オルニトレステス

ていて、たまごを生《う》んだあとも、ひなが大《おお》きくなるまで、おかあさんといっしょに生活《せいかつ》したことがあきらかになっています。

そのお話《はなし》については、このシリーズの一さつ『マイアサウラ』をお読《よ》みください。その中《なか》には、たまごを生《う》むと、親《おや》はさっとすがたを消《け》し、たまごから生《う》まれたひなは、自分《じぶん》でほかのきょうりゅうのたまごをぬすんで食《た》べる、なんともたくましい「トロオドン」というきょうりゅうのことも書《か》いてあります。

さて、体《からだ》の長《なが》さが二メートルほどのプロト

マイアサウラ と トロオドン

ケラトプスのたまごは、二五センチメートルの大《おお》きさでした。

とすると、九メートルの長《なが》さのステゴサウルスのたまごは、いったい、どれほどの大《おお》きさだったのでしょう。

プロトケラトプスのたまごより、ずっとずっと大《おお》きかったにちがいない、とみなさんも思《おも》うでしょう。

親《おや》の体《からだ》の大《おお》きさから考《かんが》えて、だいたいプロトケラトプスの四倍《ばい》ほどだから、たまごは一メートルほどになる計算《けいさん》です。

ほんとうに、そんな大《おお》きなたまごだったのでしょうか。

そうだとすると、体《からだ》の長《なが》さが二五メートルもあるディプロドクスのたまごは、ものすごい大《おお》きさだったことになります。

じつは科学者《かがくしゃ》は、そのことについてつぎのように考《かんが》えています。

「体《からだ》が大《おお》きかったからといって、そんなにばかでかいたまごを生《う》んだとも思《おも》えない。大《おお》きなきょうりゅうでも、わりと小《ちい》さなたまごを生《う》み、生《う》まれてきたあかんぼうは、はじめは

もし、きょうりゅうの大《おお》きさによって たまご も大《おお》きくなるとしたら…

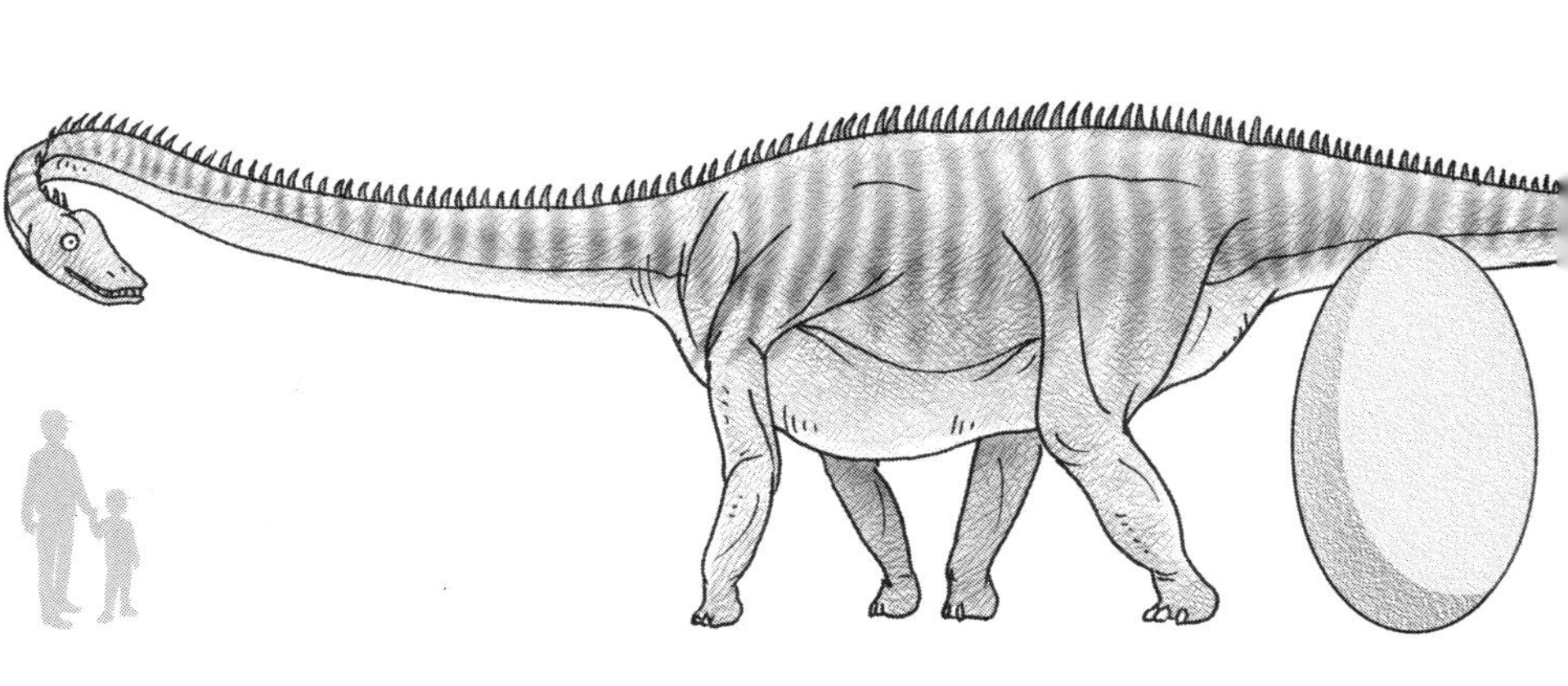

小《ちい》さいが、だんだん大《おお》きく育《そだ》っていったのだろう」

フランスやスペインで見《み》つかった、体《からだ》の長《なが》さが一二メートルの「ヒプセロサウルス」というきょうりゅうのたまごは、長《なが》さが三〇センチメートル、はば二五センチメートルでした。

そのことから考《かんが》えて、どんな大《おお》きなきょうりゅうでも、せいぜい五〇センチメートルくらいのたまごを生《う》んだのではないか、といわれています。

ヒプセロサウルスの復元模型《ふくげんもけい》

ということは、ステゴサウルスのたまごの大《おお》きさも、一メートルなどという、ばかでかいものではなかったでしょう。

たまごから生《う》まれたあかんぼうの前《まえ》には、さまざまなきけんが待《ま》ちうけていました。みんながみんな、ぶじに大《おお》きくなったとは思《おも》えません。

たまごのときに、ほかの生《い》き物《もの》に食《た》べられたり、せっかく、たまごから生《う》まれてきたのに、おそろしい敵《てき》につかまって、食《た》べられてしまうこともあったでしょう。

たまご のようす

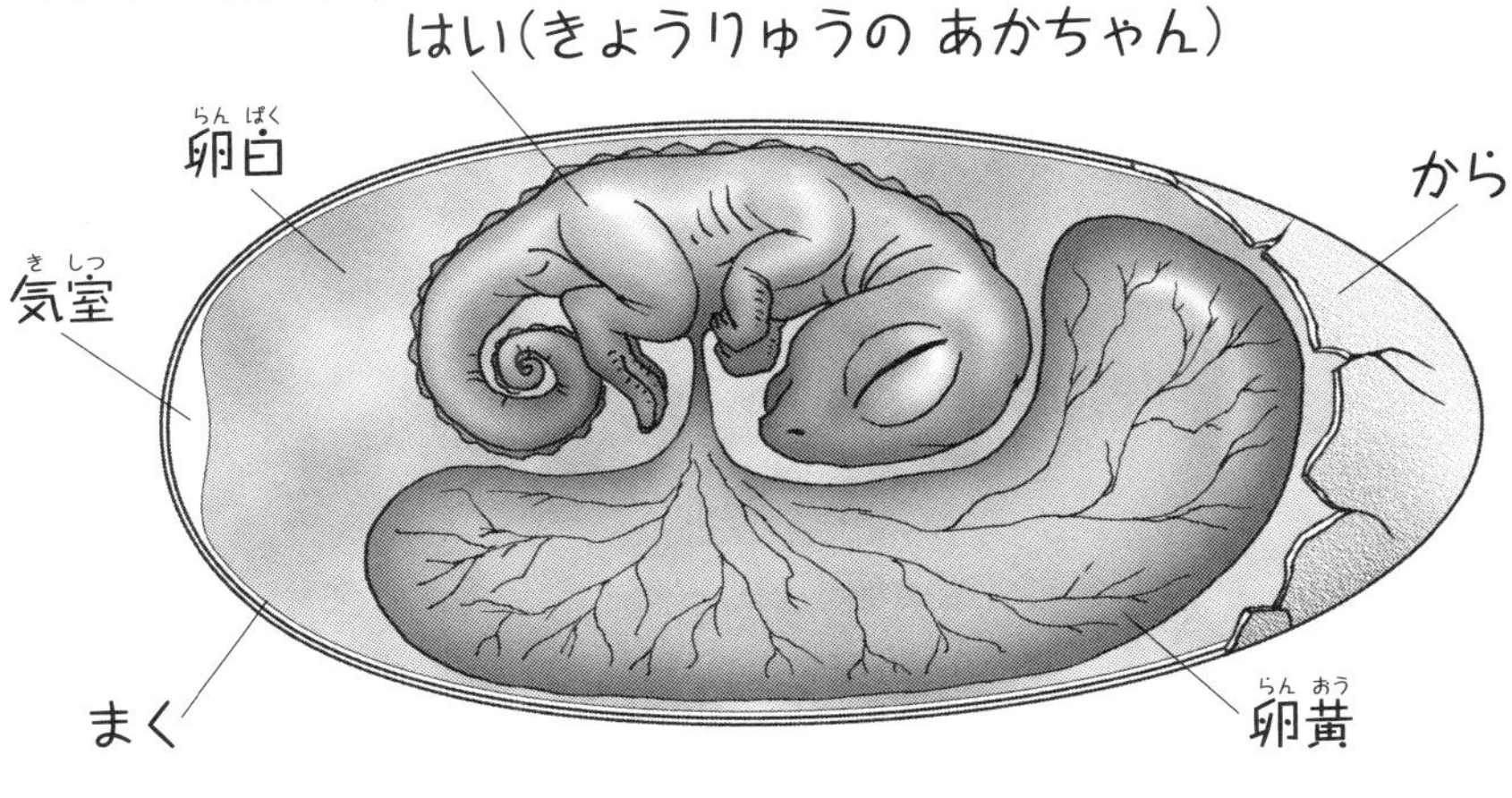

でも、このものがたりのちびステゴのように、さまざまなきけんを切《き》りぬけて、おかあさんのところへ、ぶじにたどりついたものもいたでしょう。

やがてその子《こ》どもたちは大《おお》きくなり、おとなになると、自分《じぶん》がたまごを生《う》むようになるのです。

こうして、きょうりゅうたちは、つぎからつぎへとたんじょうし、長《なが》いあいだにわたって地球上《ちきゅうじょう》にさかえたのでした。

たかしよいち

1928年熊本県生まれ。児童文学作家。壮大なスケールの冒険物語、考古学への心おどる案内の書など多くの作品がある。主な著作に『埋ずもれた日本』(日本児童文学者協会賞)、『竜のいる島』(サンケイ児童図書出版文化賞・国際アンデルセン賞優良作品)、『狩人タロの冒険』などのほか、漫画の原作として「まんが化石動物記」シリーズ、「まんが世界ふしぎ物語」シリーズなどがある。

中山けーしょー

1962年東京都生まれ。本の挿絵やゲームのイラストレーションを手がける。主な作品に、小前亮の「三国志」シリーズ、「逆転!痛快!日本の合戦」シリーズなどがある。現在は、岐阜県在住。

◇本書は、2001年5月に刊行された「まんがなぞとき恐竜大行進7にげないぞ!ステゴサウルス」を、最新情報にもとづき改稿し、新しいイラストレーションによってリニューアルしました。

新版なぞとき恐竜大行進

ステゴサウルス 背びれがじまんの剣竜

2016年5月初版
2023年8月第3刷発行

文　たかしよいち

絵　中山けーしょー

発行者　鈴木博喜

発行所　株式会社理論社
〒101-0062 東京都千代田区神田駿河台 2-5
電話[営業]03-6264-8890 [編集]03-6264-8891
URL https://www.rironsha.com

企画 ………… 山村光司

編集・制作 … 大石好文

デザイン …… 新川春男(市川事務所)

組版 ………… アズワン

印刷・製本 … 中央精版印刷

制作協力 …… 小宮山民人

ISBN978-4-652-20150-3 NDC457 A5変型判 21cm 86P

遠いとおい大昔、およそ１億６千万年にもわたって
たくさんの恐竜たちが生きていた時代――。
かれらはそのころ、なにを食べ、どんなくらしをし、
どのように子を育て、たたかいながら……
長い世紀を生きのびたのでしょう。
恐竜なんでも博士・たかしよいち先生が、
新発見のデータをもとに痛快にえがく

「なぞとき恐竜大行進」シリーズが、
新版になって、ゾクゾク登場!!

新版 なぞとき 恐竜大行進

第Ⅰ期 全5巻

①フクイリュウ　福井で発見された草食竜
②アロサウルス　あばれんぼうの大型肉食獣
③ティラノサウルス　史上最強！恐竜の王者
④マイアサウラ　子育てをした草食竜
⑤マメンチサウルス　中国にいた最大級の草食竜

第Ⅱ期 全5巻

⑥アルゼンチノサウルス　これが超巨大竜だ！
⑦ステゴサウルス　背びれがじまんの剣竜
⑧アパトサウルス　ムチの尾をもつカミナリ竜
⑨メガロサウルス　世界で初めて見つかった肉食獣
⑩パキケファロサウルス　石頭と速い足でたたかえ！

第Ⅲ期 全5巻

⑪アンキロサウルス　よろいをつけた恐竜
⑫パラサウロロフス　なぞのトサカをもつ恐竜
⑬オルニトミムス　ダチョウの足をもつ羽毛恐竜
⑭プテラノドン　空を飛べ！巨大翼竜
⑮フタバスズキリュウ　日本の海にいた首長竜